农业机械应用与维护技术研究

郭 健 张金果 田多林／著

图书在版编目（CIP）数据

农业机械应用与维护技术研究/ 郭健，张金果，田多林著. -- 成都：成都电子科大出版社，2024.9.
ISBN 978-7-5770-1132-5

Ⅰ. S22

中国国家版本馆CIP数据核字第20247RS074号

农业机械应用与维护技术研究
NONGYE JIXIE YINGYONG YU WEIHU JISHU YANJIU

郭　健　张金果　田多林　著

策划编辑	熊晶晶
责任编辑	熊晶晶
助理编辑	彭　敏
责任校对	李述娜
责任印制	段晓静

出版发行　电子科技大学出版社
　　　　　成都市一环路东一段159号电子信息产业大厦九楼　邮编　610051
主　　页　www.uestcp.com.cn
服务电话　028-83203399
邮购电话　028-83201495

印　　刷　成都市火炬印务有限公司
成品尺寸　185 mm×260 mm
印　　张　12.5
字　　数　300千字
版　　次　2024年9月第1版
印　　次　2024年9月第1次印刷
书　　号　ISBN 978-7-5770-1132-5
定　　价　76.00元

版权所有，侵权必究

前言

农业机械化是农业现代化的重要推动力,是加快推进农业现代化建设的重要力量。农业机械属于农机具的范畴,增加农业机械的使用可以大力推动农业机械化的发展。伴随着科学技术的不断发展,农业机械也在不断扩大使用领域,有力地促进了农业机械化的快速发展,大大提高了农业生产效率,实现了我国农业发展从传统农业向现代农业转变的过程。随着工业化、城镇化、信息化和农业现代化进程的加速推进,农民对农业机械的需求将持续增长,因此农业机械的应用与维护就至关重要。

本书共分九章,首先从农业机械基础理论入手,简单表述了农业机械化的概念与特点、发展与价值和农业机械安全使用常识;其次针对拖拉机、耕整地机械、播种机械、灌溉设备、植保机械、中耕机械、联合收割机的基本构造及工作原理、主要部件的调整、正确使用及维护保养、安全注意事项、常见故障与排除方法等进行了详细阐述;最后结合当前科学技术的发展趋势,对精准农业的研发与发展趋势进行了分析,以期科技推动农业产业发展。

本书内容精练,条理清晰,重点突出,具有一定的实用性与综合性,可作为高等院校农业机械专业师生的参考书,也可为相关行业的工作人员提供一些有益的参考与借鉴。

在本书撰写的过程中,笔者引用了有关专家学者的相关资料,同时也得到许多同行(特别是谢梅含、刘志明、刘志)的指导帮助,在此,一并表示诚挚的谢意。由于笔者水平有限,书中难免存在疏漏,敬请各位读者批评指正。

目 录

第一章　农业机械基础理论 ··· 1

第一节　农业机械的概念与特点 ·· 1

第二节　农业机械化的发展与价值 ·· 3

第三节　农业机械安全使用常识 ·· 7

第二章　拖拉机的应用与维护技术 ·· 8

第一节　拖拉机概述 ·· 8

第二节　拖拉机主要部位的调整 ··· 20

第三节　拖拉机的技术维护与故障诊断 ······································· 26

第三章　耕整地机械的应用与维护技术 ····································· 36

第一节　耕整地的作用与农业技术要求 ······································· 36

第二节　耕整地作业机械的操作规程 ··· 37

第三节　犁的应用与维护技术 ··· 50

第四节　圆盘耙的应用与维护技术 ··· 62

第五节　组合式联合整地机的应用与维护技术 ································· 68

第六节　动力式联合整地机的应用与维护技术 ································· 72

第四章　播种机械的应用与维护技术 ······································· 75

第一节　播种机概述 ··· 75

第二节　小麦免耕施肥旋播机的应用与维护 ··································· 76

第三节　气吸式玉米精量播种机的应用与维护 ································· 86

第四节　马铃薯种植机的应用与维护 ··· 94

第五章 灌溉设备的应用与维护技术 ·······100

第一节 离心泵的应用与维护 ·······100
第二节 潜水电泵的应用与维护 ·······104
第三节 喷灌设备的应用与维护 ·······109
第四节 滴灌设备的应用与维护 ·······115

第六章 植保机械的应用与维护技术 ·······122

第一节 植保机械概述 ·······122
第二节 背负式动力喷雾喷粉机的应用与维护 ·······126
第三节 喷杆式喷雾机的应用与维护 ·······134

第七章 中耕机械的应用与维护技术 ·······143

第一节 中耕机械的技术要求及类型 ·······143
第二节 中耕机械的操作规程 ·······144
第三节 锄铲式中耕机的应用与维护 ·······148

第八章 联合收割机的应用与维护技术 ·······153

第一节 水稻联合收割机的应用与维护 ·······153
第二节 谷物联合收割机的应用与维护 ·······160
第三节 玉米果穗联合收割机的应用与维护 ·······180

第九章 精准农业 ·······189

第一节 精准农业概述 ·······189
第二节 精准农业的研发与发展趋势 ·······190

参考文献 ·······192

第一章　农业机械基础理论

第一节　农业机械的概念与特点

一、农业机械的概念、分类及常用术语

（一）农业机械的概念

现代农业生产的方式多种多样，包括种植业、加工业以及养殖业等多种行业。这些行业的生产流程不断规范化，在产前、产中和产后等各个环节分工明确、细节清晰。在现代农业生产过程中所使用的动力机械与作业机械都属于农业机械的范畴。作业机械，俗称"农机具"，是田间作业的主要完成者，它的动力来源于动力机械，能完成土壤耕作、作物播种、植物保护、田间管理和作物收获等农田作业。本书主要介绍作业机械的应用和维护。

（二）农业机械的分类

有些作业机械需与动力机械以一定的方式挂接起来，形成作业机组，进行移动性作业，如耕地机组、整地机组、播种机组等；有些作业机械与动力机械以一定方式连接，进行固定性作业，如水泵机组、脱粒机组等；还有些作业机械与动力机械设计制造成一个整体，如自走式联合收割机等。

按照作业类型的不同，作业机械可以分为耕作机械、播种机械、植保机械、节水灌溉机械和收获机械等。耕作机械主要有犁、耙、深松机、旋耕机和复式联合作业机等；播种机械有常量播种机、精量播种机和免耕播种机等；植保机械有喷杆喷雾机、手动喷雾器和背负式喷雾喷粉机等；节水灌溉机械有水泵、过滤器、喷微滴灌设施等；收获机械有小麦收获机、水稻收获机、玉米收获机和经济作物收获机等。

按配套动力大小的不同，作业机械可以分为小型作业机械、中型作业机械和大型作业机械。小型作业机械的配套功率小于15 kW，中型作业机械配套功率为15～37 kW，大型作业机械的配套功率大于36.75 kW。目前我国中、小型作业机械数量、种类较多；而大型、高性能作业机械较缺乏。

（三）农业机械的常用术语

一般情况下，购买农业机械时所附带的使用说明书会对机械的生产率、耗能、功率、工作速度、转速、扭矩等各项指标进行详细标注，方便使用者了解农业机械的性能。

（1）生产率：即农机具的生产能力，是指农业机械在单位时间内可以完成的作业量。对于短暂作业的机械，农机具的生产能力常以小时或班次生产率来表示；而连续作业的机械要用日生产率来表示。

（2）耗能：即能源消耗率，是指单位数量的作业完成时需要消耗的能源。例如，作业完成每标准亩的耗油量、生产每吨原料的耗电量、柴油机每马力小时的燃油消耗量等。

（3）功率：即输入功率和输出功率。以原动机械为例，其输入功率是单位时间内从动机可以吸收的能耗；输出功率则是原动机在单位时间内所产生的效能。功率通常以kW或马力为单位，1 kW约等于1.36马力。

例如，农用柴油机的输出功率是指净输出功率，根据其用途与使用特点的不同，主要分为以下四种功率标准。

①15 min功率：即发动机在15 min内允许连续运转的最大有效功率，适用于需要有短时良好超负荷和加速性能要求的汽车、摩托车等。

②1 h功率：即发动机在1 h内允许连续运转的最大有效功率，适用于需要有一定功率储备以克服突增负荷的轮式拖拉机、机车、船舶等。

③12 h功率：即发动机在12 h内允许连续运转的最大有效功率，适用于需要在12 h内连续运转又需要充分发挥功率的拖拉机、排灌机械、工程机械等。

④持续功率：即发动机允许长期连续运转的最大有效功率，适用于需要长期持续运转的农业排灌机械、船舶、电站等。

（4）工作速度：即单位时间内农业机械通过的距离，通常以km/h或m/s等为单位。

（5）转速：是指单位时间内旋转部件所转过的圈数，通常以r/min为单位。

（6）扭矩：是通过力与力臂的乘积的方式进行计算，表示在一定转速下旋转部件能够克服的阻力矩的大小。

二、农业机械的特点

（一）作业对象种类繁多

农业机械的作业对象有土壤、肥料、种子、农药等物料，因此要求农业机械能适应相应物料的特性，以满足各项作业的农业技术要求，保证农业增产丰收。

（二）多样性和区域性

由于农业种植地域的不同，各个地区的自然环境、作物种植类型和种植制度等方面也会存在较大差异，这就导致种植作业过程中的每个环节都会有所不同，从而决定了农业机械的多样性与区域性的特点。因此，在选择和使用农业机械时，必须以能满足当地的农业生产要求为依据。

（三）作业有季节性

大多数农业机械如耕整地机械、播种机械、谷物收获机械等作业时间受季节限制，即必须在农时限定的时间内完成相应作业。因此，要求农业机械有可靠的工作性能，有较高的生产率，并能适应作业季节的气候条件。

（四）工作环境差

多数农业机械为露天作业，因此要求农业机械应具有较高的强度和刚度，有较好的耐磨、防腐、抗震等性能，有良好的操纵性能，有必要的安全防护设施。

第二节 农业机械化的发展与价值

一、农业机械化的发展

（一）农业机械化发展的影响因素

一般情况下，与使用传统的劳畜力进行农业生产相比，农业机械的合理利用可以较大程度上加快劳作进程，也就是说，农业机械化生产促进了劳动生产率的有效提升。目前，农业机械化的大力发展在产业结构变革的有力推动下发展迅速，同时，它也肩负着积极推动产业结构调整的责任。农业机械化能得到有效发展，主要考虑以下三个方面。

第一，农业从业者具有使用农业机械的动力。动力主要是指农业从业者是否有使用农业机械的需求，如果农业机械的使用没有为农业生产者带来明显的效益，不能替代劳畜力的作用，那么农业生产者就不需要农业机械，不会产生使用农机具的主动性。

第二，国家要为农业从业者的农机服务提供必要的保障。使用农业机械代替劳畜力，农业从业者必须考虑机械化的经济性，当农机具的耗损费用低于劳畜力的使用费用，同时，农业生产者拥有额外充足的资金投入农业机械的情况下，他们才会产生购置农机具的动力。因此，国家可以考虑给予农业从业者一定的补贴，保障他们的物质基础，从而帮助他们提高农业生产效率。

第三，农业从业者需要具有一定的农业机械管理和应用的技术能力。农业从业者购买农机具后，需要相关技术人员进行管理和操作使用，因此国家需要为农业机械化提供相关的技术服务，如技术培训。

（二）农业机械化发展的途径

在我国农业机械化发展的历程中，我们总结出了一条有效的发展途径：农业机械化的发展不仅需要农业从业者有相应的需求动力，而且还要满足他们的资金条件；通过发展农业机械化达到增加财富的目的，进而转移劳动力，实现扩大再生产和满足社会需求的最终目标。

（1）需求动力与资金条件的满足。首先，需求动力是根本。一方面，由于耕地面积的扩大、产量的提高以及农业基本建设的发展，农业从业者会面临劳动力不足的情况，因此，他们会选择使用农业机械来加快农业生产进程，从而改善劳动力不足的窘境；另一方面，多种经营的发展为劳动力提供了更多的就业机会，很多劳动力会从传统的农业工作转向其他就业岗位，从而造成了劳动力缺失，因此，农业机械就成了农业从业者解决人力问题的首选。农业从业者具有了机械化需求的动力后，他们会尽力寻求资金，购买机械，保证机械化的顺利发展；如果农业从业者没有这种动力，即使国家给予相应的政策或资金的支持也不能有效促进农业机械化的快速发展。

（2）因地制宜是农业机械化发展过程中最基本的原则。不同地区的气候、水源等的自然条件和农业生产环境会存在较大差异，恰当的、经济的农业机械化发展模式的选择就显得尤为重要。另外，由于农业机械化发展具有阶段性特点，所以要在发展过程中分清主次，优先发展重点项目，逐步扩大发展范围，最终实现全面机械化的发展目标。

（3）提高农业从业者的收入。农业从业者收入的增加可以帮助他们扩大生产规模，进而推动了农业机械化的发展。

（4）扩大再生产。农业机械化的发展一方面为农业从业者实现了资金积累，另一方面转移出来一部分剩余劳动力。利用这些资金和劳动力扩大再生产，通过多种经营调整我国的农业生产结构，促进第二、第三产业的发展，为农业现代化强国做出贡献。

（三）农业机械化发展的阶段性

农业机械化发展经历了一个从无到有、从低级到高级的过程，因此农业机械化发展具有一定的阶段性。农业机械化发展主要分为三个阶段。

第一阶段：初步机械化阶段。这一阶段主要根据需求度和经济效益选择农业机械，如耕整地机械、水田的排灌机械等这类比较符合主要作业项目要求的机械。

第二阶段：基本机械化阶段。在农业生产作业时，机械的使用在生产总用工量中占比40%～70%。例如，实现基本机械化生产较早的小麦生产，耕地、耙地、播种、植保、收获、场上作业等过程可以基本保证均由机械完成。

第三阶段：全面机械化阶段。这一阶段是指大多数的农业生产过程均由机械来完成，大大提高了农业生产率。

二、农业机械化的价值

（一）农业机械化保障农业生产中生物技术的应用

生物技术措施是指推广良种、地膜覆盖等可以提高农业产量的一种先进的农业技术，这种技术的应用需要依靠动力机械，否则很难独立实现。所以，农业机械化与生物技术措施是农业生产过程中相辅相成的两个重要的部分。例如，精选优良作物种子的过程中，需要清选机的精选、拌种机的均匀混合、敷料机添加敷料，以及精密播种机的播种，从而更好地发挥良种的效果；在农膜覆盖种植的过程中，铺膜机的辅助可以减少劳动力和薄膜材料的浪费，省工省料，提高经济效益。在农业生产过程中，既不能只强调生物技术的作用，也不能忽视农业机械化的重要性。

（二）农业机械化促进增产增收

农业机械可以帮助农业从业者增产增收，主要体现在以下四个方面。

第一，农业机械可以通过深耕、深松、旋耕、暗沟排水等作业方式增加耕种层的深度，提高土壤质量，为农作物提供良好的生长环境，从而达到增产增收的目的。

第二，农业机械与先进的生物技术相结合，促使生物技术的作用达到最大化，共同促进农作物增产增收。

第三，农业机械化可以大幅度地缩短作业时长，在播种和收获的时节，可以及时地播种和收获农作物，减少因自然条件变化造成的损失。

第四，农业机械化不仅可以减少灾害对种植业的影响，也可以在林、牧、渔业中避免一些损失。

由此可见，农业机械在农业生产中起着很大的作用，其地位是不容忽视的。

（三）农业机械化减轻劳动强度

随着农业机械化水平的逐渐提高，机械作业越来越多地替代了劳动力，体力劳动逐渐减少的同时，脑力劳动在逐渐增加，农业机械化改变了劳动条件，这是缩小城乡差距的一个重要途径。

（四）农业机械化加快农业现代化的进程

农业现代化通过将前沿技术应用于农业生产中，显著推动了机械生产逐步取代传统的人工劳动，极大提升了劳动生产率。这一变革加速了农业经济的创新与发展步伐，并促进了农业生产技术的不断更新与优化。同时，农业机械化不仅是农业生物技术措施的基础支撑技术，还与现代生物技术紧密结合，推动了现代生物技术的应用，二者互为补充，有效提升了农业经济的整体效益。因此，农业机械化的作用至关重要，其持续发展为农业现代化的推进和加速提供了强大动力。

（五）农业机械化提高劳动生产率

从发达国家的农业机械化和科技进步来看，农业机械化不仅是传统农业向现代化转变的核心，也是提升农业生产效率的关键因素。目前，我国的农业生产仍较为传统，受限于农业机械设备和技术应用的局限，导致土地和劳动力的利用效率偏低，从而影响了劳动生产率和劳动者的收入水平。因此，为了提高农业生产率，必须全面推进农业机械化，不断增强劳动生产率，促进经济社会的快速发展。

（六）农业机械化促进农村产业结构调整

在我国，农村产业结构调整已经取得了显著的经济发展成效。但是，由于产业结构层次较低和农业比较效益不佳等因素，现有的农业结构还不足以支撑国民经济的全面发展。农业机械与先进技术、生物技术的有效整合，有助于优化农村产业结构，合理配置资源，加速农村产业和农业经济的发展。

（七）农业机械化促进农村经济可持续发展

当前，人类正面临农业资源匮乏和环境退化等问题。在这种情况下，农业机械化的发展应注重降低投入成本，并持续提高农业生产效率，这种发展模式契合资源节约和可持续发展的趋势，减少了农业生产者的直接成本，降低了环境保护的社会成本，符合可持续发展的战略。因此，在推进农业发展的过程中，不仅要促进农业现代化，还应关注农村经济的可持续发展；推动农业机械化的发展对实现可持续的农业经济和绿色农业经济具有重要价值，对国家整体发展具有战略意义。

第三节　农业机械安全使用常识

一、农业机械一般使用常识

（1）在使用农业机械之前，必须仔细阅读并牢记机械说明书中的使用方法，确保正确操作机械。

（2）必须理解并牢记警告标签的含义，保持标签整洁，如有标签被损坏或脏污，必须及时更换新的标签。

（3）农业机械作业人员在使用机械前必须进行专业培训，若使用有牌照要求的农业机械，必须取得相应的驾驶证后才可以操作农业机械。

（4）禁止酒后、身体不适、精神不正常、色盲及未成年人等不符合要求的人员进行机械作业。

（5）农业机械驾驶人员必须穿着符合劳动保护要求的工作服，以免造成伤害。

（6）驾驶座位必须检查是否牢靠，禁止搭乘与农业作业无关的人员。

（7）禁止儿童靠近机械，以免造成伤害。

（8）任何人不可擅自改装农业机械，避免因改装造成的机器损坏或人员受到伤害。

（9）任何人不可随意调整液压系统安全阀的开启压力。

（10）农业机械不得超载、超负荷使用，以免造成机器损坏。

二、避免人身伤害的常识

（1）警惕排气危害。农业机械工作时，发动机产生的气体有毒，因此，如果在密闭的空间内使用机械，必须注意开窗通风，保证空气的流通。

（2）防止皮肤接触高压喷油。严禁皮肤接触高压喷油，在燃油喷射管和液压油泄露检查燃油喷射管和液压油是否泄测时，可以使用厚纸板；如果不小心触碰到高压喷油，必须立即就医，否则高压喷油侵入皮肤会造成皮肤坏死。

（3）机械作业时会导致发动机与散热器中的冷却水或蒸汽温度升高，必须等待机械发动机停止工作 30 min 后方可靠近，否则容易烫伤。

（4）发动机机油、液压油、油管和其他零件在运转过程中会产生高温，残压也会导致高压油喷出，因此，在器械检查前必须保证温度已经充分下降，没有残压。

（5）运转后的发动机、消音器和排气管会产生高温，必须待机器停机降温后方可靠近。

第二章 拖拉机的应用与维护技术

第一节 拖拉机概述

拖拉机是一种多功能动力机械,主要用于牵引、悬挂和驱动多种农业机具,完成耕作、种植和收获等多样的农业操作。在农村地区,拖拉机是最常见且应用最广泛的农用动力机械之一。拖拉机能够配合相应的农机具进行耕地整理、播种、中耕、施肥、植保和收获等多种田间作业。此外,拖拉机还能通过输出动力,协助完成灌溉、饲料加工和农副产品生产等固定作业。在农田建设中,拖拉机可用于挖掘、铲运、平整和开沟等整地作业。同时,拖拉机还能连接挂车,用于输送粮食入仓等运输作业,是农业、林业、畜牧业、副业和渔业等多个行业中重要的运输工具。

一、拖拉机的分类与应用性能

拖拉机是由发动机、底盘和电气设备组成的,属于一种比较复杂的移动式动力机械。尽管各种型号的拖拉机在使用性能、工作条件和要求各方面有区别,但它们的总体结构和基本工作原理却大体相似。

(一)拖拉机的分类

拖拉机常用的分类方法有以下几种。

1. 按用途分类

(1)工业用途拖拉机。工业用途拖拉机主要用于建筑、筑路、矿山和石油等工程,也可用于农田基本建设作业。

(2)林业用途拖拉机。林业用途拖拉机主要用于林区集材,即把采伐下来的木材收集并运往林场。将林业用途的拖拉机配带专用机具也可进行植树造林和伐木作业。

(3)农业用途拖拉机。农业用途拖拉机主要用于农业生产。

2. 按行走方式分类

（1）轮式拖拉机。轮式拖拉机是指依靠轮子进行移动的拖拉机，一般是四轮式拖拉机。根据驱动形式不同，轮式拖拉机可以细分为两种，即两轮驱动式拖拉机和四轮驱动式拖拉机。

（2）履带式拖拉机（又称链轨拖拉机）。履带式拖拉机是指依靠履带式进行移动的拖拉机，其履带可以大大提高拖拉机的牵引动力，所以，履带式拖拉机通常可用于土质潮湿的地块的田间农业作业，以及土方工程等的农田基本建设。

（3）半履带式（轮链式）拖拉机。半履带式拖拉机的行走装置既有轮子又有履带。

（4）特种结构拖拉机。特种结构拖拉机可用于特殊需求条件下的作业，包括船式拖拉机、山地式拖拉机等。

3. 按驾驶方式分类

（1）方向盘式拖拉机。方向盘式拖拉机是指用方向盘操纵转向的拖拉机，如轮式拖拉机。

（2）操纵杆式拖拉机。操纵杆式拖拉机是指用操纵杆操纵转向的拖拉机，如履带式拖拉机。

（3）手扶式拖拉机。手扶式拖拉机是指用扶手操纵转向的单轴拖拉机。

4. 按发动机功率大小分类

（1）小型拖拉机。小型拖拉机是功率为147 kW（20马力）以下的拖拉机。

（2）中型拖拉机。中型拖拉机是功率为147～736 kW（20～100马力）的拖拉机。

（3）大型拖拉机。大型拖拉机是功率为736 kW（100马力）以上的拖拉机。

（二）拖拉机的应用性能

拖拉机在应用过程中所表现出来的性能，即为拖拉机的应用性能。拖拉机的应用性能主要反映在拖拉机的可靠性、经济性、牵引附着性能等指标方面，是评价拖拉机的重要依据。

1. 拖拉机的可靠性

拖拉机的可靠性是指拖拉机在一定的时间和工作条件下，可以正常作业所产生的价值。创造的价值越高、使用时间越长，其可靠性就越好。通常情况下会以拖拉机零件的使用寿命来判断其可靠性，这也是评价拖拉机的一个重要指标。

2. 拖拉机的经济性

拖拉机的经济性主要指的是拖拉机作业时消耗燃料所产生的费用，通常以每千瓦时耗油量（比耗油量）来评价，这关系到使用者的经济支出和收入比例，所以拖拉机的经济性是非常重要的。

3. 拖拉机的牵引附着性能

拖拉机的牵引性能关系到其发挥牵引力的能力，牵引力的大小直接反映了牵引性能的强弱。拖拉机的附着性能则涉及轮胎或履带对地面的抓地力，这种性能取决于拖拉机的驱动形式以及轮胎的摩擦力。通常，四轮驱动的拖拉机比两轮驱动的附着性能更强，而高花纹轮胎的抓地力也超过低花纹轮胎。一个具有强大附着性能的拖拉机可以更充分地发挥其牵引力功率，因此在选择拖拉机时，不仅要考虑发动机的功率大小，还应重视其附着力和牵引力的表现，因为相同功率的拖拉机，附着性能更优者其牵引力也更大。

4. 拖拉机的通过性能

拖拉机的通过性能主要包括对地面的通过能力和对行间的通过能力。对地面的通过性指的是拖拉机能否顺利通过潮湿泥泞、冰雪路面、松软地面或狭窄弯道等复杂地形。对行间的通过性则指拖拉机在作业时能否顺利穿行于农作物间隙，不损害植物。一般来说，体积小、重量轻、接地压力小、离地间隙大的拖拉机，其行间通过性能较高。拖拉机对地面的接地压力主要由其重量和行走装置的类型决定，轻量级且行走装置面积大（如履带型）的拖拉机，其接地压力较小。

5. 拖拉机的机动性

拖拉机的机动性包括行驶直线性和操纵性。行驶直线性指的是拖拉机在前进或后退时能否保持直线行驶。如果拖拉机在行驶过程中能自动修正偏离的轨迹，说明其行驶直线性良好。操纵性则涉及拖拉机能否根据驾驶员的操作意图精确行驶和稳定启停。具有灵活操控、转向半径小、稳定制动和起步的拖拉机，其操纵性通常更为出色。

6. 拖拉机的稳定性

拖拉机的稳定性主要指保持自身稳定而不翻车的能力，这一性能受到拖拉机重心高度及其在轴距与轮距（对于履带型则为轨距）之间位置的影响。拖拉机的稳定性会随着重心位置的降低和轴距与轮距的增加而提高。例如，中耕拖拉机由于离地间隙较高，其通过性较好，但高重心也导致其稳定性较差。对于经常在不平坦地面上行驶的拖拉机而言，良好的稳定性尤为关键。

7. 拖拉机的生产率及比生产率

拖拉机的生产率是衡量相同功率拖拉机工作效率的指标，通常通过单位时间（通常按小时计）完成的工作量来量化。而拖拉机的比生产率则是衡量不同功率拖拉机工作效能的指标，常以每千瓦时完成的工作量来表示。拖拉机的总功率、牵引附着性能以及与配套农机具的协调程度均会影响其生产率和比生产率。这些因素共同决定了拖拉机在实际工作中的表现和效率。

8. 拖拉机的结构重量与结构比重量

拖拉机的结构重量是指未加油、水，未装配重，未坐驾驶员时拖拉机的重量。拖拉机的使用重量则包括油、水，手扶拖拉机还包括配带农具（旋耕机或犁）的重量。拖拉机每千瓦所占的重量称为结构比重量，结构比重量是衡量拖拉机消耗金属和技术水平的一个重要指标。

拖拉机的上述这些应用性能及其指标有些可能会有相互矛盾的地方，在评价时，应把拖拉机的适应范围与应用条件和要求结合起来综合考虑。

二、拖拉机的构造及工作过程

懂得了拖拉机的基本构造原理和性能，才能做到拖拉机的应用与维护的有机结合以及正确调整，从而提高拖拉机的可靠性。通过结合构造、联系原理，有助于判断和分析故障、查准故障，做到及时排除故障，确保拖拉机在良好的状态下工作。

（一）拖拉机的构造及其作用

拖拉机的种类不同，整体结构也会存在一定的差异，但是基本上都离不开发动机、底盘和电气设备这三个主体。发动机的作用是为拖拉机的驾驶和完成多种作业提供充足的动力；底盘的作用是传递动力、变换速度、行走、转向、制动、停车并支承拖拉机的全部总成部件等；电气设备的作用是启动、照明、工作监视、故障报警、自动控制和信号指示等。

1. 发动机

拖拉机通常使用柴油发动机，即以柴油为燃料的发动机。柴油机主要包括机体组件、两大机构（曲柄连杆机构和配气机构）以及四大系统（燃料供给系统、润滑系统、冷却系统和启动系统）。

（1）机体组件。

机体组件由气缸体、曲轴箱构成。机体组件的功能是组成柴油机的框架。

（2）两大机构。

①曲柄连杆机构。曲柄连杆机构包括活塞连杆组、曲轴飞轮组和缸盖机体组三部分。曲柄连杆机构将燃烧产生的热能转化为机械能，使得活塞的往复运动变为曲轴的旋转运动，从而输出功率。

②配气机构。配气机构由气门组、气门传动组和气门驱动组组成。配气机构负责按照工作顺序定时开启进气门以吸入新鲜空气，及时关闭排气门以排出废气。

（3）四大系统。

①燃油供给系统。燃油供给系统包括燃油供给装置、空气供给装置、混合气形成装

置和废气排出装置，按照工况要求提供干净的新鲜空气，以及按时、按量、按压将柴油喷入气缸中进行混合燃烧，并排出废气。

②润滑系统。润滑系统包括机油供给装置（机油泵、限压阀、油管和油道等）和滤清装置（机油粗滤器、机油细滤器和机油集滤器等）。润滑系统持续供应润滑油到机械部件的摩擦表面，以降温、密封、清洁和防锈。润滑系统的润滑方式主要分为以下三种。

a.压力式润滑。在拖拉机的作业过程中，机油泵为机油提供一定的压力，将机油持续喷射到承受较大负荷的运动零件上，如主轴承、连杆轴承和气门摇臂轴等，以此实现润滑作用。

b.飞溅式润滑。飞溅式润滑依赖于运动零件将油滴或油雾飞溅到较小负荷和表面外露的摩擦面上进行润滑，如润滑凸轮与挺杆、活塞销与销座及连杆小头等部位。

c.综合式润滑。综合式润滑结合了压力式润滑和飞溅式润滑的特点，能够同时满足多种摩擦表面的润滑需求，提供更全面的润滑保护。

这三种润滑方式各有其特定的应用场景和效果，共同确保了拖拉机在各种操作条件下的高效、稳定运行。

③冷却系统。

冷却系统由散热器（水箱）、水泵、风扇、水温调节器等构成。柴油机工作的最适宜的温度是80～90 ℃，因此为了保证柴油机的正常工作，必须通过冷却系统对拖拉机上受热的机件进行强制冷却。

依据不同的冷却水循环方式，可以将冷却系统分为蒸发式和强制循环式两种。蒸发式冷却通常只用于单缸柴油机的冷却；而强制循环式冷却相对更加稳定，它利用水泵强制冷却水在水套和散热器之间不断循环，循环速度越快，散热能力越强，且这种方式所使用的散热器容积较小，是发动机冷却常用的一种方式。

④启动系统。启动系统由启动电动机或启动内燃机和传动机构组成。启动系统可以驱动曲轴旋转，启动柴油机。

（5）柴油发动机的工作原理。

①单缸四冲程柴油机的工作原理。

进气行程的目标是吸入新鲜空气，以便为燃料的燃烧做准备。在此过程中，活塞在曲柄连杆机构的作用下从上止点移向下止点，同时进气门开启而排气门关闭。随着活塞向下运动，气缸内部容积逐渐增大，导致压力降低，形成相对的"真空"状态，使得气缸内部压力降至68～93 kPa，低于大气压。在大气压的作用下，新鲜空气通过进气门被吸入气缸，直至活塞达到下止点，进气门关闭，此时曲轴转动角度从0°至180°，标志着进气行程的结束。

压缩行程的作用是提升气缸内空气的压力和温度，以便为燃料的燃烧创造条件。进气行程结束后，活塞从下止点开始向上止点移动，此时进气门和排气门均关闭。随着活塞向上移动，气缸内的空气被压缩，压力和温度逐步升高，直到气缸内空气压力达到 3 000～5 000 kPa，温度达到 500～700 ℃，远超柴油的自燃温度。当活塞到达上止点，气缸内的空气达到最小体积，压力和温度达到最高点，此时曲轴转动角度由 180°至 360°，压缩行程结束。

做功行程是在活塞向上移动接近上止点时开始的。喷油器在高压作用下将柴油喷入气缸，与高温高压空气混合后立即自燃，形成的高温高压气体迅速推动活塞向下移动至下止点，从而驱动曲轴旋转做功。在此行程中，进气门和排气门都保持关闭，曲轴转动角度由 360°至 540°，做功行程结束。

排气行程的目的是排出气缸内的废气。做功行程后，缸内的高温气体变成废气，温度降至 800～900 ℃，压力降至 294～392 kPa。此时，排气门打开，进气门关闭，活塞从下止点开始向上止点移动，废气在残余压力和活塞推动下通过排气门排出。活塞移至上止点时，排气过程结束，此时曲轴转动角度由 540°至 720°。排气完成后，排气门关闭，进气门重新打开，开始新一轮的循环。

四冲程柴油机的每一轮工作循环包括进气、压缩、做功和排气四个行程，活塞往复四次，曲轴旋转两圈（720°）。

②多缸四冲程柴油机的工作原理。多缸柴油机具有两个或两个以上的气缸，如多缸四冲程柴油机，它由四个气缸组成，各缸的活塞连杆都连接在同一根曲轴上。每一个气缸都按照进气、压缩、做功、排气完成工作循环。曲轴每旋转两圈（720°），各缸都要完成一个工作循环。为保证转速均匀，各缸的做功行程应均匀地分布在 720°曲轴转角内，做功行程的间隔角为 180°。

2. 底盘

拖拉机底盘的主要部分包括传动系统、行走系统、转向系统、制动系统和工作装置。这些部分共同协作，将发动机产生的动力转移到驱动轮和其他工作装置，以推动拖拉机行驶和完成各种作业任务。

（1）传动系统。

轮式拖拉机的传动系统主要由离合器、变速箱、中央传动、差速器和最终传动系统组成。手扶拖拉机的传动系统则包括离合器、传动箱（链条形式）、变速箱、左右转向机构和最终传动系统。传动系统的主要作用是传递扭矩、改变行驶速度和方向以及调整牵引力。拖拉机的离合器由主动部分（飞轮、带轮等）、从动部分（从动盘等）、压紧机构（螺旋弹簧等）和操纵部分组成，其功能是在结合时将发动机的动力传输至变速箱，而在分离时切断动力，以及在超负荷时自动打滑进行过载保护。

（2）行走系统。

轮式拖拉机的行走系统由机架、导向轮、驱动轮和前桥组成。手扶拖拉机的行走系统由驱动轮和尾轮构成。履带式拖拉机的行走系统则包括机架、驱动轮、支重轮、履带张紧装置、导向轮、托带轮和履带等。行走系统的主要作用是将扭矩转换为驱动力，并支撑拖拉机的整体结构。

（3）转向系统。

轮式拖拉机的转向系统包括差速器、转向器和转向传动机构。手扶拖拉机的转向系统采用牙嵌式转向机构。履带式拖拉机的转向系统由转向离合器和操纵机构组成。转向系统的主要作用是控制拖拉机的行驶方向，通过推动两导向轮偏转实现方向调整。

（4）制动系统。

轮式拖拉机的制动系统由制动器和制动操纵机构组成，而手扶拖拉机通常使用盘式或环形内涨式制动器，履带式拖拉机则采用单端拉紧式制动器。制动系统的主要作用是通过制动器产生的摩擦力矩来减慢或停止驱动轮的转速，或通过单边制动协助转向。除此之外，一般轮式拖拉机还配备两套独立的制动系统，包括用脚操纵的行走制动系统和用手柄操纵的驻车制动系统。

①制动器。拖拉机在选择制动器时通常根据摩擦表面的形状决定使用何种类型的摩擦式制动器，主要有带式、蹄式和盘式三种。制动器主要由旋转元件和制动元件构成。旋转元件主要包括制动鼓和摩擦盘；而制动元件则由制动带、制动蹄和制动压盘三个部分组成。

②制动操纵机构。制动操纵机构有机械式、气压式和液压式三种。机械式操纵机构由制动踏板、传动杆件（拉杆、制动器摇臂）和踏板回位弹簧等组成。气压式操纵机构由制动踏板、制动控制阀、制动气室和管路等组成。

（5）工作装置。

工作装置由液压悬挂装置、牵引装置和动力输出装置组成。工作装置的主要作用是输出动力，把拖拉机的动力传递给农具，使拖拉机和农具配合进行各种形式的作业，如田间作业、运输作业和固定作业。

①液压悬挂装置。

a. 液压悬挂装置的结构。液压悬挂装置主要由液压系统、悬挂机构和操纵机构三部分构成。液压系统涵盖了液压缸、液压泵、油箱、分配阀和工作介质等多种液压元件；悬挂机构则包含上下拉杆、左右升降臂和左右提升杆等部件；操纵机构则由操纵手柄和自动控制机构组成。

b. 液压悬挂装置的功能。液压悬挂装置通过液压传动增强动力，实现农机具的升降操作，进而控制农机具的耕作深度。液压系统主要通过液压动力实现农具的提升，某些型号的液压系统还能提供转向或制动支持。悬挂机构主要负责农具的提升和悬挂；操纵机构则通过调控液压系统中的分配阀，控制液压油的压力、流量和流向，以达到调节农具升降或保持中立的目的。

②牵引装置。牵引装置由牵引架组成，用双头螺栓固定在后桥壳上。

③动力输出装置。动力输出装置包括动力输出轴、驱动带轮、链轮、分动箱等。

3. 电气设备

电源、用电设备与配电设备三部分共同构成了拖拉机的电气设备。电气设备的作用是为发动机启动、夜间照明、监视工作、故障报警、自动控制和行驶中提供信号指示等操作提供用电。

（1）电源。

拖拉机的电源有交流和直流两种类型。手扶拖拉机通常使用交流发电机作为电源；而轮式拖拉机和履带式拖拉机则广泛采用直流电源，如蓄电池、硅整流发电机和调节器等设备。

蓄电池是一种能将化学能转变为电能，又能将电能转变为化学能储存的装置。当发动机无法工作或工作电压低于蓄电池电压时，蓄电池会为启动、照明和警示信号等用电设备供电；当用电负荷超过发动机供电能力时，蓄电池会与发电机共同为用电设备供电；当用电负荷小时，发电机会给蓄电池充电，蓄电池将电能转化为化学能储存起来备用。

（2）用电设备。

拖拉机上的用电设备主要有发动机启动装置、照明灯、仪表、喇叭、信号指示设备和开关等。

（3）配电设备。

拖拉机的配电设备由开关、导线和调节器三部分组成。

（二）拖拉机的工作过程

1. 轮式拖拉机的工作过程

轮式拖拉机的前进原理基于发动机所提供的动力。这一动力通过传动系统传递给驱动轮，使其获得驱动扭矩 M_k。驱动轮通过轮胎花纹与地面的接触，向地面施加一个向后的水平力（即切线力），而地面则以相同大小但方向相反的水平反作用力 P_k 回应，该力推动拖拉机向前行驶。为了保证拖拉机顺利前进，必须确保这一驱动力 P_k 大于拖拉机前后车轮的滚动阻力和挂接农具的牵引阻力之和。如果驱动轮空转或离地，驱动力 P_k 将为零，导致拖拉机无法前行；如果驱动力 P_k 小于滚动阻力和牵引阻力的总和，拖拉机同样无法前进。

2. 履带式拖拉机的工作过程

与轮式拖拉机不同，履带式拖拉机依赖其周围环绕的履带来移动。当履带接触地面时，其履刺会插入土壤中，而驱动轮则不接地。驱动轮在驱动扭矩的作用下，通过轮齿与履带板节销的啮合，不断地将履带从后方向前方卷起。接触地面的履带部分向地面施加一个向后的作用力，地面相应产生一个向前的反作用力 P_k，该力促使拖拉机前进。不同于轮式拖拉机直接将驱动力传递到行走轮，履带式拖拉机的驱动力是通过履带传递到驱动轮的轮轴，然后通过拖拉机的机体传递到驱动轮。当驱动力大于履带的滚动阻力和牵引阻力时，拖拉机便通过履带的滚动前进。由于驱动轮持续将履带卷至前方并通过导向轮铺设在地面上，支重轮便可在这些铺设好的轨道上连续滚动，从而推动拖拉机不断向前行驶。

（三）拖拉机的正确应用

对拖拉机进行正确应用时，适时进行维护与保养，不但能保持拖拉机技术状态良好，少出现故障，而且还能延长其使用寿命，发挥拖拉机的最大作用，取得更好的经济效益。

经常使用拖拉机，其零部件会因磨损、断裂、变形、老化等物理化学现象导致零部件的原有尺寸、几何形状和表面质量发生改变，拖拉机的作业状态便会随之下降。因此，在使用拖拉机的过程中，必须对拖拉机的零部件定期进行清洗、检查、调整、润滑和更换易损零部件等保养，从而避免因零部件的磨损与老化等问题导致的拖拉机故障，确保拖拉机时刻具有良好的工作能力。贯彻落实拖拉机的定期保养制度，树立"防重于治，养重于修"的观念，经常关注拖拉机的工作状态，及时排除可能存在的异常或故障，防患于未然。

造成农业机械技术状况恶化的原因主要有：零件的自然磨损、零件的腐蚀、零件的疲劳变形和松动、杂物堵塞、使用不正确、管理不善或维修调整不当。

1. 拖拉机正确应用的基本要点

拖拉机正确应用的基本要点如下：

（1）正确启动发动机，启动时油门不宜过大。

（2）发动机的预热温度和工作温度须正常。发动机预热水温达到40 ℃方可起步，水温达到60 ℃方可负荷作业。

（3）不应该让发动机长时间怠速运转。

（4）拖拉机接近满负荷但不超负荷作业。

（5）应尽量减少拖拉机各运动件可能受到的附加惯性力或冲击载荷。

(6) 冬季应采用合适的方法启动发动机。采取保温措施，尽量缩短发动机预热时间。

(7) 驾驶操作时，遵守安全操作规程和道路交通安全法律法规，按照操作规范、安全驾驶。

2. 拖拉机驾驶操作的基本要领

(1) 拖拉机发动机的启动。

①发动机启动前所做的准备工作。

a. 根据拖拉机启动前的相关规定，对润滑油、燃油和水进行仔细检查，如有不足，必须进行加注；另外，还需要对轮胎气压和各个操纵机构的工作状况进行检查，只有正常才可启动。

b. 检查拖拉机各个管路接头是否牢固、电路有无堵塞、蓄电池容量是否充足、油箱开关是否开通。

c. 当新车驾驶或停车时间较长时，空气可能会进入燃油管路，此时可使用手油泵进行空气排除。踩下制动踏板并锁定（有手刹的可拉紧手刹），将变速杆置于空挡位置。

②发动机的启动过程。

发动机的启动主要分为常温冷车启动和低温冷车启动两种情况。在常温冷车启动时，操作者需要将电门钥匙插入电源开关，并顺时针旋转至启动位置。接通电源后，将启动预热开关手柄顺时针旋转到"启动"位置以启动发动机，发动机启动成功后，应迅速将手柄退回初始位置。对于低温冷车启动，操作者首先需要将减压手柄扳至减压位置，并将启动预热手柄逆时针旋转至"预热"位置进行预热，持续半分钟。之后，分离离合器，继续将预热启动开关旋转至启动位置，启动后立即退回减压手柄，并将开关手柄退回至"0"位置。

③发动机启动后的操作注意事项。

发动机启动成功后，应立即调节油门，让发动机以低速运转1~2 min，这段时间内检查发动机运行状态和各仪表指示是否正常。确认水温超过40 ℃且油压表显示在3~5 kgf/cm² 后，拖拉机即可开始运行。这一过程确保发动机在适宜的工作条件下稳定运行，避免因启动不当导致的机械故障。

(2) 拖拉机的起步。

拖拉机起步时，需细心考虑油门大小、制动踏板的释放时机以及油门与离合器的协调配合三个重要方面。在启动前，应彻底检查拖拉机周边环境，注意是否有行人、障碍物或后方来车等情况。起步前，应开启左转向灯并鸣喇叭示意，以提醒周围人员和车辆。

具体的起步操作步骤如下：首先，使用右脚踩紧制动踏板（若有手刹，则应拉紧），左脚则将离合器踩至底部，并将变速挡置于低速挡位。其次，右脚轻踩油门，左脚逐渐放松离合器踏板，直至感觉到发动机声变或车身轻微抖动，此时迅速松开制动踏板（若有手刹则同时释放），并在适当踩下油门的同时，继续缓慢释放离合器踏板。在这个过程中，保持离合器的结合动作缓慢而分离动作较快是关键。最后，当拖拉机完全进入正常车道后，关闭左转向灯。

操作中应注意左右脚的协调配合，尤其在空行程时离合器的结合要迅速而完全结合阶段则需缓慢，避免离合器摩擦片的过早磨损。此外，驾驶时不应长时间将脚放在离合器踏板上，以免造成离合器的半联动状态。

在手扶拖拉机起步过程中，不可以在松离合器手柄的同时分离一侧转向手柄。

（3）拖拉机变换挡位。

在拖拉机行驶过程中，根据路况适时进行换挡是非常重要的，这不仅影响燃油消耗，也关系到拖拉机的寿命和行驶的平稳性。正确选择挡位能够有效改变发动机与传动轴的转速比，低挡位提供较大的扭矩和牵引力，适用于上坡或重负荷条件；高挡位则在路况良好、无障碍时使用，可以提高行驶速度并节省燃油。

在拖拉机的行驶过程中，遇到上坡或重载时应使用低速挡以增大牵引力，而下坡时保持车速均匀且不宜换挡以防下滑。低速挡虽然能提供大的扭矩，但因为车速低而发动机转速高，可能导致发动机迅速升温和燃油消耗增加。因此，低速行驶的时间应尽量控制；中速挡通常用于转弯、过桥或道路不平的情况；而高速挡适用于路面条件好且无障碍的情况下，以提高行驶效率和降低燃油消耗。

换挡操作要点如下。

①低速挡换高速挡：首先加油门提升车速；然后稍抬油门并踏下离合器，使变速杆处于空挡；接着结合离合器后迅速换入更高一挡；最后平稳加油门完成换挡。

②高速挡换低速挡：首先减少油门并踏下离合器，使变速杆处于空挡；然后结合离合器并适量加空油，迅速踏下离合器并换入较低挡位；最后平稳加油门完成换挡。

田间重负荷作业时，驾驶员应停车换挡，减少油门后摘挡并迅速换入适当挡位，然后加油门并结合离合器以平稳起步。此外，换挡时应保持注意力集中，一手握方向盘，另一手操作变速杆，确保及时、准确地完成挡位切换。变速杆的操作需轻缓，避免强行操作造成损坏。此外，换挡时应遵循逐级切换的原则，不可跳挡。变换前进或倒车方向时，必须在车辆完全停稳后进行。

（4）拖拉机转弯和掉头。

拖拉机在转弯和掉头时，要提前观察转弯处是否有不准转弯和掉头标志，看清附近是否有车辆、行人，观察具体的路面情况，并且应在距离转弯或掉头处30～100 m的地方进行合理减速，打开转向灯，慢慢转弯或掉头。在农田转弯或掉头时，应观察田埂、沟渠，低速转弯或掉头，不可大意。

①轮式拖拉机转弯操作。

轮式拖拉机在进行转弯操作时，需根据弯道的急缓适当调整方向盘的操作方式。在转缓弯时，应提前慢慢打方向盘，转动幅度保持适中；在转急弯时，则需稍晚些快速打方向盘，转动幅度较大。此外，转弯时要避免车辆过于靠近内侧，以防内侧后轮压到路边的障碍物，确保有足够的空间顺利通过弯道。拖带挂车的拖拉机在转弯时更需注意不要过度转弯，以免拖拉机后轮与挂车发生碰撞。

②手扶拖拉机转弯操作。

a. 上坡转弯：驾驶手扶拖拉机上坡转弯时，可以通过间断性地操作转向手柄来控制方向。捏动右侧转向手柄使拖拉机右转，捏动左侧转向手柄则使其左转。如果配备尾轮装置，可利用尾轮协助完成更精准地转向。

b. 下坡转向：在下坡行驶中，通常采用与上坡相反的操作方法进行转向。对于较平缓和长坡道，可以采用低速下坡方式，直接使用尾轮转向；而在坡度较大的情况下，应使用小油门、低速行驶，并采用反向操作。例如，向右转时捏左转向手柄，向左转时捏右转向手柄，利用尾轮协助转向。

c. 连续转弯：驾驶手扶拖拉机连续转弯时，驾驶员需要根据每个弯道的具体情况灵活调整操作技巧。在通过第一个弯道时应及时预判下一个弯道的转向需求，合理调整操作，确保连续转弯时不错过合适的转弯时机，从而保持行驶的连续性和安全性。

（5）拖拉机倒车。

与拖拉机前进相比，倒车时驾驶员视角有限，操作相对更加困难。因此，无论何时，驾驶员都必须集中精力，认真确认安全后方可进行倒车。

拖拉机驾驶员倒车前必须仔细确认周围环境，如有视线盲区，可下车确认安全后，方可进行倒车操作。倒车时，要利用倒车镜，保持精力集中，采用低挡小油门，参照远处物体，方便及时发现倒车偏差并进行方向盘调整。在倒车过程中，也要全程保持警惕，观察周围的行人或车辆，做好随时停车的准备。

拖拉机倒车操作时，确保有充足的倒车空间至关重要。在需要倒车转弯的情况下，驾驶员应将转向盘转向预期转弯的方向。这样操作的目的是使拖拉机前端的转弯半径小于挂车的转弯半径，从而引导挂车按预定方向改变行进路径。待挂车开始改变方向后，驾驶员应及时调整转向盘，使之回正，从而调整拖拉机和挂车至同一直线上，完成直线倒车。拖拉机倒车操作需精确协调，以确保安全有效地完成倒车调整。

（6）拖拉机的制动。

当拖拉机制动时首先要减小油门，用发动机制动来降低车速，然后依次踩下离合器踏板和制动器踏板。拖拉机制动按其性质可分为以下两种。

①预见性制动。预见性制动方式要求驾驶员根据路况和周围环境提前判断，并准备

提前减速或停车。操作过程中，首先应逐渐减少油门，利用发动机制动降低速度。如果需要进一步降低速度，可以间歇性使用制动器辅助减速。当车速降至适当范围后，再踏下离合器，使用制动器来完全停车。预见性制动方式可以更平稳地控制车速，避免因急刹车引起的安全风险。

②紧急制动。紧急制动方式在遇到突发情况需迅速停车时使用。操作时，应立刻踩下制动踏板以快速减速，接着迅速分离离合器，确保在最短距离内停下来。紧急制动时应注意不要先踩离合器，这是为了避免失去发动机制动的帮助，可能会导致制动距离变长。正确的操作可以有效地缩短制动距离，提高紧急情况下的安全性。

(7) 拖拉机停车。

当拖拉机需要临时停车时，应同时踩下离合器和制动器踏板来减速并停车。如果预计停车时间较长，除了踩下离合器和制动器外，还应锁定制动器踏板以固定车辆位置。如果拖拉机配备手刹，应该拉紧手刹，并关闭发动机以确保安全。

进行停车操作时，首先应逐渐减小油门，降低车速；然后踩下离合器踏板并将变速杆调至空挡；最后踩下制动器踏板完成停车。为了防止拖拉机在停放时发生滑移，驾驶员下车后可以在车轮后方放置石头或砖块，确保车辆稳固安全地停放，这种方法既简单又有效，可以有效防止车辆因地形或重力作用而发生移动。

第二节 拖拉机主要部位的调整

拖拉机在进行作业的过程中，震动、冲击和负荷不均等因素会造成各部分零件的磨损和连接部位的松动，所以应该及时进行适当的调整。适当的调整不仅能恢复拖拉机的技术状况，还可以使其达到高效安全的使用效果。

拖拉机需要调整的主要部位分别是发动机、底盘和液压悬挂系统。

一、拖拉机发动机的调整

拖拉机发动机都是柴油机，其主要调整的部位包括气门间隙的调整、供油提前角的调整、机油压力的调整等。

(一) 气门间隙的调整

气门间隙是指拖拉机发动机气门关闭时，气门杆尾端与摇臂之间的空隙。气门间隙的作用是为配气机构的零件留受热膨胀余地。气门间隙过大或过小都会造成发动机工作不良，功率下降。所以在拖拉机的使用中，必须定期调整气门间隙。各种型号发动机的气门间隙（具体数值）要随使用说明书进行调整。

发动机每个缸上气门的位置都是按照前后顺序排列的。调整气门的间隙可以用两次调整法。

1. 第一次调整

在第一缸的压缩上止点位置，从前到后按顺序调整。

三缸柴油机可调整第1个、第2个和第5个共3个气门的间隙。

四缸柴油机可调整第1个、第2个、第3个、第6个共4个气门的间隙。

六缸柴油机可调整第1个、第2个、第3个、第6个、第7个、第10个共6个气门的间隙。

调整时先松开锁紧螺母，将塞尺（厚薄规）插入气门杆与摇臂之间，慢慢拧紧调整螺栓使塞尺被轻轻压住，缓慢来回拉动直到发涩为止，此时将锁紧螺母拧紧，最后再用塞尺复查一次。

2. 第二次调整

按柴油机的旋转方向，摇转曲轴半圈，用同样的方法调整第二缸的气门间隙。两缸都调整完以后再重新检查一次。

三缸柴油机，就要转动曲轴240°，由前向后数，调整第3个、第4个、第6个共3个气门的间隙。

四缸柴油机，需要转动曲轴一圈，由前向后数，调整第4个、第5个、第7个、第8个共4个气门的间隙。

六缸柴油机，需要转动曲轴一圈，由前向后数，调整第4个、第5个、第8个、第9个、第11个、第12个共6个气门的间隙。

另外，如果是两缸柴油机：先转动曲轴，使第一缸活塞处于压缩上止点位置，此时飞轮上刻线对准飞轮壳检测窗上的刻线。调整第一缸的两个气门间隙。用塞尺（厚薄规）分别塞入进气和排气的摇臂头部和气门杆之间，调整气门间隙合适以后，将锁紧螺母锁紧（第一次调整）；然后再顺转曲轴半圈，当第二缸处于压缩行程时，用同样的方法，调整第二缸的进排气门间隙（第二次调整）。

（二）供油提前角的调整

拖拉机发动机的供油提前角是指从喷油泵柱塞开始供油到活塞到达上止点的曲轴转角。这个角度是通过喷油泵的凸轮轴与曲轴的相对位置来设定的。正确的供油提前角对柴油机的性能至关重要，如果提前角设置不当，无论是过大还是过小，都会导致发动机功率下降和运行效率不佳。因此，无论在使用还是在维修柴油机时，调整供油提前角都是必不可少的步骤。

供油提前角的调整方法主要有以下三种。

1. 转动凸轮法

转动凸轮法适用于各种类型的柴油机,无论是凸轮轴固定安装还是通过齿轮或链条与曲轴连接,通过改变凸轮轴和曲轴之间的相位关系,可以调整燃油凸轮的相位,从而改变喷油泵的供油时机。对于整体式凸轮轴的小型柴油机,可以通过松开油泵凸轮轴的连接法兰盘,调整后重新固定;对于装配式凸轮轴的大中型柴油机,可以通过直接旋转燃油凸轮来调整单个缸的供油时机。

2. 升/降柱塞法

开/降柱塞法常用于小型柴油机的回油孔调节式喷油泵。通过调整柱塞的高度来改变供油时机,柱塞上升时供油时机提前,下降时则滞后。柱塞顶头通常装有可调螺钉,通过旋入或旋出螺钉来改变顶头高度,调整完成后需要锁紧螺母以固定设置。

3. 升/降套筒法

升/降套筒法适用于大中型柴油机的回油孔调节式喷油泵。调节套筒的位置以改变供油时机,套筒上升时供油时机滞后,下降时则提前。套筒位置的调整可以通过减少或增加泵体上下方的调节垫片来实现,或者通过调节套筒下方的螺旋套来直接控制套筒的升降。

供油提前角的调整方法确保了柴油机供油时机的准确性,从而保证发动机的最佳性能。

(三) 机油压力的调整

当发动机机油压力过低时,会导致供油数量不足,无法形成正常的润滑油膜,增加了机件磨损的程度,严重时可能会导致烧瓦、拉缸等问题;当机油压力过高时,会导致油管接头和滤清器各连接密封处出现漏油的情况。因此,发动机润滑系统的机油压力的高低对发动机的使用寿命有很大的影响,必须将机油压力调整到合适的范围。

调整方法:当柴油机运转一段时间以后,也就是机油温度在80 ℃左右时,松开机油滤清器侧面的紧固螺母,旋动调压螺钉,达到要求以后,拧紧紧固螺母。

发动机工作时,机油压力一般应保持在150～350 kPa。

二、拖拉机底盘的调整

拖拉机底盘的调整主要包括离合器的调整、行走转向系统的调整等。

(一) 离合器的调整

在拖拉机的日常工作中,由于离合器的频繁使用,其传动机构和摩擦片会逐渐磨损，这种磨损会导致离合器的摩擦力下降，可能出现发抖、打滑或分离不彻底的问题，进而影响拖拉机的正常使用。因此，定期对离合器进行检查和调整是必要的，以减少磨损并延长其使用寿命。离合器的调整通常涉及以下两个方面。

1. 离合器自由行程的调整

离合器自由行程的调整涉及松开螺母并取下连接销，然后通过转动离合器推杆调整叉。这样做是为了确保离合器推杆的长度保持在4～7 mm，离合器踏板上的自由行程保持在30～40 mm。调整完成后，需要重新插入连接销并拧紧螺母以固定设置。

2. 离合器工作行程的调整

首先，需要松开限位螺钉的锁定螺母；其次，调整限位螺钉的外露长度。对于单作用离合器，工作行程应控制在26～36 mm；对于双作用离合器，工作行程控制在35～45 mm。调整到适当位置后，再次拧紧限位螺钉的锁定螺母，以确保调整稳定。

通过上述两项调整，可以有效地恢复离合器的正常功能，确保拖拉机在作业过程中的性能和效率。对离合器的调整对维护拖拉机的可靠性和延长其使用寿命至关重要。

（二）行走转向系统的调整

拖拉机行走转向系统的调整主要包括调向器的调整、制动器的调整和前桥的调整等。

1. 转向器的调整

拖拉机转向器是拖拉机的重要部件，拖拉机经过一个阶段的使用，转向系统的机件旷量会渐渐增大，使得方向盘的自由行程变大，转动也会受阻，甚至失灵，危及农机与人身安全。所以，在使用拖拉机的过程中，必须定期进行检查，如果发现问题，需要及时进行维修。

拖拉机的转向器是转向系统的关键部件，负责确保驾驶的灵活性和精确性。以下是两种常见转向器的调整方法。

（1）球面蜗杆转向器的调整。

球面蜗杆转向器的调整步骤包括：首先，拧松位于右侧的转向摇臂轴调整螺母。其次，根据需要调整方向盘的旷量，如果要减少旷量，顺时针转动调整螺钉；若需增加旷量，则逆时针转动。调整完成后，再次拧紧调整螺母，确保调整后的设置稳定。

（2）循环球式转向器的调整。

循环球式转向器的调整主要涉及调整垫片以改变两球头销与转向螺母锥孔之间的间隙。先选择适当厚度的垫片进行调整，垫片放置合适后，拧紧固定螺钉以固定调整。为了防止螺钉在使用过程中松动，需要将螺钉头部铆入球头销端面的槽中，确保连接的牢固性。

转向器的调整旨在优化转向性能，减少方向盘的游隙，确保驾驶时的稳定性和响应性。正确的调整不仅提高驾驶的舒适性，还有助于延长转向系统的使用寿命。进行调整时，应确保所有的螺钉和螺母都紧固到位，防止因松动造成潜在的安全风险。

2. 制动器的调整

制动器是拖拉机非常重要的部件，拖拉机在工作中，制动器使用比较频繁，制动器摩擦片也会逐渐磨损，使制动间隙变大，造成刹车不灵。为确保行车和作业安全，应定期调整制动器。

制动器的调整步骤：将凸轮摇臂和拉杆调节叉的连接销拆下，松开调节叉锁紧螺母，通过拉杆调节叉的旋拧进行调整，保证调整好的拉杆长度能使左右制动器同时制动，并保证左右踏板顶端的自由行程为20～40 mm。

3. 前桥的调整

定期对拖拉机前桥进行调整是至关重要的，这不仅有助于预防和减少故障的发生，还可以减少机件的磨损，进而延长拖拉机的使用寿命。

（1）横拉杆长度的调整。

将横拉杆两端的锁紧螺母松开，通过旋转横拉杆，调整其长度，确保两前轮的中心线在水平平面内，前端相对后端偏小3～11 mm。这一步骤对确保车轮的正确对准非常关键，有助于提高驾驶稳定性和减少轮胎磨损。调整完毕后，需再次将横拉杆两端的锁紧螺母拧紧，以固定调整结果。

（2）前轴轴承的调整。

首先拆下轴承盖和开口销，然后紧固螺母。在感觉到阻力矩开始增大时停止紧固，随后将螺母逆时针回转大约1/8～1/3圈，以确保轴承不会过紧，影响运转和增加磨损。完成这一步骤后，重新插入开口销并锁紧螺母，以确保轴承设置的稳固性和长效性。

前桥的调整是维护拖拉机正常运作的关键操作，通过精确调整确保拖拉机在作业过程中的性能和效率。执行这些操作时，应确保所有组件的正确安装和紧固，以防止任何潜在的机械故障。

三、液压悬挂系统的调整

液压悬挂系统的调整主要是对提升器的调整。提升器是组成拖拉机液压悬挂系统的重要部件，通过调整液体压力的升降使农机具处于不同的位置。提升器的调整得当与否，直接影响农机具的作业质量。

（一）提升器的调整

农机具的升降调整是通过一个控制手柄来完成的，具体操作方法如下。

1. 提升操作

当操作手柄推向提升位置时,农机具开始上升。一旦农机具到达其最高位置,手柄会自动返回到中立位置,停止提升动作。

2. 下降操作

将手柄推到下降位置后,操作者应立即释放手柄,农机具随即开始下降。当农机具达到最低位置时,手柄同样会自动归位到中立位置。

此外,驾驶员可以通过调整提升器上的调节杆来控制农机具的下降速度。具体调整方式如下:

(1) 减慢下降速度——将调节杆向右旋转。

(2) 加快下降速度——将调节杆向左旋转。

提升器的设计允许驾驶员根据作业需求精确控制农机具的升降速度,以适应不同的作业条件和需求。正确的提升和下降操作不仅可以提高作业效率,还有助于保护农机具免受不必要的磨损。

(二) 小四轮拖拉机液压悬挂系统的调整

通过调整拖拉机的左右斜拉杆长度,可以确保农具机架保持水平,从而实现更为精确和均匀的耕作深度。

1. 斜拉杆长度的调整

在耕作时,由于拖拉机的右轮通常行进在犁沟内,左轮则行进在未耕作的土地上,因此右侧斜拉杆的长度应该比左侧斜拉杆短,短的具体尺寸应等同于犁沟的深度。这样的调整有助于农具在斜坡或不平坦的地形中保持水平状态。

2. 上拉杆长度的调整

通过调整上拉杆的长度,可以确保农具在前后方向上的耕作深度一致。这对保证作物生长环境的均一性和提高作业效率至关重要。

3. 带支地轮的农具使用

对于装有支地轮的悬挂农具,应将提升手柄置于下降位置,让支地轮沿地面仿形,以确保耕作深度的一致性。此外,适当调整限位链,可以防止农具在作业过程中左右摇摆过大,避免碰撞到后轮或其他部分,从而减少潜在的故障风险。

4. 农具悬挂和锁定

在开始作业前,应通过缩短拉杆的方法将农具提升到最高位置,然后使用锁紧轴手柄将农具牢固锁定。这一操作可以防止在农具作业过程中因震动和冲击而对液压油缸造成损害。

综上所述，正确的操作不仅可以提高农作效率，还有助于延长拖拉机和附加农具的使用寿命，确保耕作质量和作业安全。

第三节　拖拉机的技术维护与故障诊断

一、拖拉机的技术维护

拖拉机在工作一定时间后由于自然因素作用，某些零件会因松动、磨损、腐蚀、振动及负荷的变化，导致机车功率下降、工效降低、耗油增加、各部件失调。因此，必须定期对机车各部件进行系统维护。

（一）拖拉机的技术维护概述

拖拉机的技术维护就是指在拖拉机的使用过程中，定期施行一系列保持机械处于正常技术状况，延长其使用寿命的预防性维护措施，如定期检查、紧固、清洁、调整、润滑或更换拖拉机的某些零件。拖拉机经常维护，可以有效减小各个零件的摩擦与损伤，延长使用时间，避免因拖拉机故障引发的作业事故，保证拖拉机良好的工作状态。

1. 拖拉机或农业机械技术状况完好的基本标准

拖拉机或农业机械技术状况完好的基本标准主要有技术性能良好，各部的调整间隙正常，润滑周到，各部紧固牢固，内外干净、全机三不漏，机件完好无缺，随车工具齐全。

2. 造成拖拉机或农业机械技术状况恶化的原因

造成拖拉机或农业机械技术状况恶化的原因主要有零件的自然磨损、零件的摩擦磨损、零件的腐蚀、零件的疲劳变形和松动、杂物堵塞、管理不善或维修调整不当等。

（1）零件的自然磨损。零件的自然磨损是指各组合件在摩擦过程中所产生的尺寸、形状、表面质量及材料的物理性能变化的现象。

（2）零件的摩擦磨损。零件的磨损是指零件相对运动时，其接触表面相互摩擦而产生的磨损。

零件的磨损规律可分为三个阶段：一是零件的磨合期；二是零件的正常工作时期；三是零件的加速磨损时期。

（3）零件的腐蚀。零件的磨蚀是指金属零件与周围介质发生化学作用而造成金属成分和机械性质的改变。

3. 保障拖拉机或农业机械技术状况完好的措施

保障拖拉机或农业机械技术状况完好的措施有：（1）正确地操作；（2）定期地保养；（3）适时地维修；（4）妥善地保管。

（二）拖拉机技术维护的基本要点

搞好基础性保养（清洁、紧固和润滑），加强三滤的保养（拖拉机上的空气滤清器、燃油滤清器和机油滤清器通称为三滤）。一是根据工作时间和作业环境，定期保养空气滤清器。二是根据工作时间按期更换机油，平时检查添加机油，保证摩擦部位具有良好的润滑。三是注意清洗冷却系统的水垢，冷却水添加充足，使发动机经常保持正常的工作温度。

认真做好拖拉机的三滤保养非常重要，可以减轻主要零部件的磨损，让发动机处于良好的技术状况，从而延长机械的使用寿命。

（三）拖拉机技术维护的主要内容

拖拉机技术维护是以工作小时数来计算保养周期的，分为每工作10 h（每班）技术保养、每工作50 h技术保养、每工作200 h技术保养、每工作400 h技术保养、每工作800 h技术保养、每工作1 600 h技术保养、冬季特殊技术维护、长期存放期技术保养等，具体见表2-1。

表2-1　拖拉机技术维护的内容

技术维护周期	技术维护内容
每工作10 h（每班技术保养）	（1）清除拖拉机上的尘土和油污。 （2）清除空气滤清器集尘盒中的灰尘，并清除进气管附着的灰尘（如果作业环境恶劣，要随时清除）。 （3）检查并紧固拖拉机外部各紧固件，发现松动应及时拧紧，尤其是前、后轮的紧固螺母。 （4）检查发动机油底壳、水箱、燃油箱、液压转向油箱、行驶制动器油箱、液压提升器的液面高度，不足时添加。检查油底壳油面时，须将拖拉机停放在水平的地面上，在发动机停止工作15 min后进行。 （5）加注润滑脂。 （6）检查前、后轮胎气压，不足时按规定充气。 （7）检查调整主、副离合器和行驶制动器踏板的自由行程。 （8）检查拖拉机有无漏气、漏油、漏水等现象，如有"三漏"应排除
每工作50 h技术保养	（1）完成每工作10 h（每班）技术保养的全部内容。 （2）加注润滑脂。 （3）取下空气滤清器的油盘，取出滤芯，用清洁的柴油把滤芯彻底清洗干净后用压缩空气吹净，如果油盘内的机油变脏必须更换新机油；检查油浴式空气滤清器油面并除尘（如作业环境恶劣，要随时清除）

续表

技术维护周期	技术维护内容
每工作200h技术保养	（1）完成每工作50 h技术保养的全部内容。 （2）更换柴油发动机油底壳机油，保养机油滤清器，清洗或更换机油滤芯。 （3）对油浴式空气滤清器油盆清洗保养。 （4）清洗提升器液压油滤清器，必要时更换滤芯
每工作400h技术保养	（1）完成每工作200 h技术保养的全部内容。 （2）加注润滑脂。 （3）清洗柴油滤清器，更换柴油滤芯。 （4）检查前驱动桥中央传动、末端传动油面高度，必要时添加。 （5）检查传动系统及提升器的油面高度，必要时添加。 （6）检查离合器、制动器的踏板自由行程是否在规定范围内，不符合标准需调整；检查驻车制动器手柄自由行程，必要时调整。 （7）清洗保养液压转向油箱滤清器
每工作800 h技术保养	（1）完成每工作400 h技术保养的全部内容。 （2）更换液压转向系统液压用油。 （3）更换传动系统和提升器液压用油。 （4）检查调整柴油发动机气门间隙。 （5）检查调整喷油泵喷油压力。 （6）检查前轮前束、前轮轴承间隙、转向节主轴固定螺母和横拉杆固定螺母，必要时予以调整。 （7）对燃油箱进行清洗保养
每工作1 600 h技术保养	（1）完成每工作800 h技术保养的全部内容。 （2）对柴油发动机冷却系统进行清洗保养。 （3）更换前驱动桥中央传动和最终传动润滑油。 （4）对启动电动机进行检查、调整、维护和保养
冬季特殊技术维护	（1）换用冬季润滑油和燃油 （2）冬季气温低于0 ℃时，必须使用防冻液。 （3）每班工作开始，应按发动机冬季启动要求进行启动。 （4）蓄电池放电率冬季不得超过25%，应经常保持较高的充电率

二、拖拉机的故障诊断

拖拉机长时间使用，总会发生某些故障。如何识别拖拉机的常见故障，对于检查维修拖拉机非常重要。一位拖拉机驾驶员，不仅要能驾驶操作拖拉机，还要能识别故障，具备维修和排除故障的技术。

（一）拖拉机的故障诊断概述

分析拖拉机故障原因时，要勤于动脑，善于思考，先想后动。首先要观察故障现象，结合构造、联系原理，根据各机件之间的关系，经过分析判断，确定故障的主要原因，然后予以排除，以免走弯路和进行不必要的拆卸。

拖拉机发生故障时的表现形态称为故障征象，故障征象概括起来有以下6种。

（1）作用异常，启动困难。

（2）声音异常。发动机异响与发动机的转速、温度、负荷和润滑条件等有关。

（3）外观异常。排气冒黑烟、白烟或蓝烟。

（4）气味异常。排气带有油的气味以及橡胶焦煳气味。

（5）温度异常。发动机过热。

（6）消耗异常，燃油增加。

（二）故障诊断的原则与方法

1. 故障诊断的原则

故障诊断的原则是结合构造、联系原理、搞清征象、具体分析、从简到繁、由表及里、按系分段、推理检查。

2. 故障诊断的方法

故障诊断的常用方法有部分停止法、交叉对比法、试探法3种。

（1）部分停止法。即暂时关闭拖拉机某部分的工作，根据关闭前后的工作情况找出拖拉机故障所在部位，从而进行精准维修。

（2）交叉对比法。当拖拉机出现故障时，根据维修人员的初步判断，选用正常的零件替换可能存在故障的零件，从而判明此零件是否真正存在故障。

（3）试探法。进行某些试探性的检查、调整拆卸，观察故障征象的变化程度。

（三）拖拉机常见故障诊断

1. 拖拉机发动机常见故障诊断

（1）柴油机启动困难或不能启动。拖拉机启动失败是一种常见问题，其成功启动依赖于多个因素：所有部件及附件必须安装牢固；电气系统的线路必须连接正确，且接头紧固；燃油系统内不能有空气，且必须能定时定量向燃烧室供给良好雾化的柴油；需要向燃烧室提供足够的新鲜空气；启动电机必须有充足的转速；压缩阶段结束时，气缸内需要有足够的压力和温度。只有满足上述条件，拖拉机通常才能够一次启动成功。如果初次启动失败，应等待启动电机和柴油机飞轮完全停止后再尝试。如果多次尝试仍无法启动，可能意味着存在启动故障，此时需进行详细检查和排除问题。具体检查和排除的方面如下。

第一，启动电动机问题。如果启动电动机转速过低或启动无力，可能是由于电池电量不足或启动电动机自身故障造成的。这种情况下需要检查和维修电池或启动电动机。

第二，喷油系统问题。如果启动时排气管无烟且发动机不着火，且启动转速正常，可能是喷油系统没有供油。此时应先检查低压油路，如油箱内油量、油箱盖通气孔是否堵塞；再检查高压油路是否有堵塞、压扁或对折等现象。同时，需要检查和清洁或更换柴油滤清器，以及检修输油泵和喷油泵。

第三，喷油不完全。如果启动时排放白色浓烟，可能是因为喷油器的喷射压力过低或供油提前角不准确导致的。此时需要检查和修理喷油嘴，检查针阀偶件磨损情况，并调整供油提前角。

第四，压缩不足。如果在摇动曲轴时感觉到气缸压力不足，可能是因为活塞环磨损、卡死或气门漏气导致。这时需要检查并更换相关零件。

第五，进气系统堵塞。如果空气滤清器和进气管堵塞，将阻碍新鲜空气进入气缸，需要清洁或更换滤清器和检查进气管。

第六，低温启动问题。在冬季或低温环境下，未采取预热措施会导致发动机难以启动。这时应采用加热水或机油的方式预热发动机。

以上检查和调整有助于诊断和解决启动问题，确保拖拉机的正常运行。

（2）可以启动柴油机。当柴油机能够启动但在运行中自行停车时，需要检查和排除以下五个方面的问题。

第一，燃油系统进气。如果燃油管路中进入空气，会中断燃油的连续供应，从而影响柴油机的稳定运行，甚至导致熄火。这时应检查油路系统，确保其中无空气，并排除任何可能的泄漏点。

第二，供油中断。供油中断也是柴油机熄火的常见原因，可能是由于燃油滤清器或油管堵塞导致的。这时应检查并清理滤清器和油管，确保燃油能顺畅流动。

第三，机械故障。柴油机熄火可能是由于烧瓦或拉缸造成的严重机械损害。如果在摇转发动机时感觉到异常的阻力，或发动机难以转动，可能是发动机已经出现了烧瓦或拉缸的问题。

第四，空气滤清器堵塞。空气滤清器如果堵塞，将阻止足够的空气进入燃烧室，影响发动机的正常运行。这时应检查空气滤清器，清除堵塞物，必要时更换滤芯以确保空气流通。

第五，冷却系统问题。缺水或冷却系统问题可能导致发动机温度过高，从而使柴油机因过热而自动熄火。这时应检查冷却系统并补充冷却水，确保系统没有泄漏，并在发动机冷却后重新启动。

通过仔细诊断和排除这些常见的问题，可以有效地解决柴油机启动后自行停车的故障，恢复其正常运行。

（3）发动机功率不足。原因及检查排除方法如下。

第一，空气滤清器不清洁，进气不足。这时需要将空气滤清器滤芯清洁干净，如有必要，可直接更换新的滤芯。

第二，排气管阻塞。这时需要对排气管进行检查，如果积炭太多，便会导致排气管阻力增加。

第三，供油提前角过大或过小。喷油时间的早晚会导致燃油的不充分燃烧，需要对喷油泵传动轴适配器螺钉进行检查，如有松动的现象，需要将供油提前角调整至合理的大小，并拧紧螺钉，防止松动。

第四，活塞与缸套拉伤，导致漏气严重。这时需要及时更换缸套、活塞和活塞环。

第五，燃油系统存在故障。①燃油滤清器或管路内有空气或被东西堵塞，需要及时排出管路内的空气，并将柴油滤芯清洗干净，如有必要，需更换新的滤芯；②喷油偶件出现故障，导致咬死、漏油或雾化不良，需要及时清洗喷油偶件，如有必要，需进行更换；③喷油泵供油不足，需要对喷油泵进行检查和修复，必要时可更换新的偶件，并合理调整喷油泵供油量。

第六，冷却和润滑系统出现故障。当冷却和润滑系统出现问题，会导致发动机温度急剧上升，从而引起水温和油温快速升高，可能造成拉缸或活塞环卡死的故障。遇到这种情况，应立即检查冷却系统和散热器，并彻底清除其中的水垢。

第七，缸盖组件可能出现以下几方面的问题。

①排气系统漏气可能导致进气量减少或混入废气，从而影响燃料的燃烧及发动机的输出功率。应及时调整气门和气门座的接触面以提升密封效果，必要时更换新的气门和气门座。

②若气缸盖与机身接触处出现漏气，可能导致缸内气体进入冷却液通道或油道，使冷却液渗入发动机内部，造成"烧机油"现象。此时，应按照规定的扭矩重新拧紧气缸盖螺栓或更换气缸盖垫片。

③不当的气门间隙会引起气门漏气,从而影响发动机性能,甚至可能导致发动机难以启动。因此,调整气门间隙是必要的。

④气门弹簧损坏可能会使气门关闭不严,导致漏气,从而影响发动机功率。这时应及时替换损坏的气门弹簧。

⑤喷油器安装口漏气或铜垫损坏同样会导致发动机动力不足。这时应对喷油器进行维修,并更换受损部件。

第八,至于连杆轴瓦和曲轴连杆轴颈表面出现咬合,可能会引起异常声音和机油压力降低等问题。这通常是由于机油通道和机油滤芯堵塞、机油泵损坏或机油压力过低等原因引起的。在这种情况下,应拆卸柴油机侧盖,检查连杆大头侧面的间隙,确认其是否能前后移动。例如,连杆大头卡死,表明已经发生咬合,需要进行检修或更换连杆轴瓦。

(4) 柴油机烧瓦。原因及检查排除方法如下。

①轴承表面缺少润滑油,造成烧瓦。

②机油使用时间长,导致其变质或过脏,需更换新的机油。

③轴承间隙不合理。间隙过大,会导致润滑油流失;间隙过小,导致润滑油无法形成油膜。这时必须及时检查并进行调整,保证轴承间隙符合相关规定。

④机械装配时,轴瓦未及时清洁,上面的杂质会造成柴油机烧瓦。

⑤柴油机超负荷工作导致发动机高温,从而造成了烧瓦。

(5) 柴油机拉缸问题。

①长时间运行导致高温。长时间的运转会产生高温,会改变运动零件之间的正常间隙。

②活塞和缸套间隙过小。活塞、活塞环和缸套之间的配合间隙过小,增加了摩擦,导致损伤。

③活塞环损坏。损坏的活塞环无法有效地密封气缸,增加内部磨损。

④活塞销挡圈损坏。挡圈损坏可能导致活塞销轴向移动过多,必须及时进行拆检和维修或更换零件。

(6) 发动机冒黑烟问题。

①空气供给不足。空气滤清器或进气管可能堵塞,造成进气量减少,影响燃烧效率。

②喷油器针阀偶件问题。如果针阀偶件咬死,会导致柴油机冒浓烟并伴有异响,可用断缸法诊断哪个喷油器出现故障。

③气门间隙不当。气门杆运动卡顿或气门座密封不良会导致气门间隙过大或过小,影响燃烧。

④喷油嘴问题。针阀密封不良可能导致滴油、雾化不良或喷油压力低,从而燃烧不完全。

⑤喷油泵过量供油。喷油泵如果过量供油，会导致柴油过多，无法完全燃烧，造成浓烟。

⑥供油提前角过小。供油提前角过小会导致喷油时间延迟，柴油在排气管内燃烧，造成冒黑烟或火焰。

（7）发动机排气管冒蓝烟。发动机排气管冒蓝烟，通常是机油进入燃烧室并燃烧的结果，具体原因及排查方法如下。

①机油过量。如果油底壳内机油过多，可能会喷溅到缸壁上并进入燃烧室内燃烧。这时应确保油底壳内机油量位于油尺的上下刻线之间，避免过量添加。

②活塞环问题。活塞环磨损或卡死，或者二道、三道气环安装方向错误，以及活塞上的回油孔被积碳堵塞，都会导致机油窜入燃烧室。

③气门导管磨损。气门导管严重磨损也会让机油泄漏进入气缸，进而燃烧产生蓝烟。

④气缸套磨损。严重磨损的气缸套也是机油进入燃烧室的一个常见原因。

⑤新车或新维修车辆。新安装的气缸套和活塞环可能未充分磨合，初期可能会有机油进入燃烧室冒蓝烟，磨合后通常会消失。

（8）当发动机冒白烟，可能是因为燃油未能完全燃烧或冷却水进入气缸，具体原因及解决方法如下。

①低温下燃烧不完全。在柴油机温度较低时，喷入气缸的柴油可能无法完全燃烧，导致白烟。

②燃油或冷却系统问题。柴油中混有水，或气缸盖衬垫损坏、气缸盖螺栓未按规定扭矩拧紧导致冷却水进入气缸，都会引起白烟。

③供油时机过晚。如果供油时间特别晚，也可能导致发动机难以正常启动，用启动电动机带动时可能会冒出白烟。

（9）当拖拉机的高压油管因磨损在两端的凸头与喷油器及出油阀的连接处出现漏油时，可以通过一个简单的方法进行修复。首先，取一块废弃的缸垫，从中剪裁出一个圆形的铜皮片。然后，在这个铜片中间打一个小孔，并确保其表面打磨平滑。最后，将这个铜皮片垫在漏油的高压油管凸头与喷油器或出油阀的连接处，这样可以有效地堵塞漏油点，解决漏油问题。这种方法既经济又实用，能快速地修复高压油管的漏油故障。

2. 拖拉机底盘常见故障诊断

（1）离合器出现打滑现象。当使用低挡起步时，反应会较为迟缓；当使用高挡起步时，则显得更为困难，有时会伴有抖动；此外，打滑还会导致拖拉机牵引力下降。在负重较重时，车速可能会出现波动甚至停止；若打滑严重，离合器温度过高，可能会出现摩擦片冒烟及焦味。故障原因和排查方法如下。

①摩擦片表面沾油。油封损坏或维护不当等因素可能导致油污，需要查找油污源并进行维修清洗。

②离合器自由间隙太小，调整间隙即可。

③压力弹簧弱化或断裂，需要替换新弹簧。

④摩擦片损坏。若摩擦片损耗严重或厚度不足，暴露铆钉，应立即更换；轻微磨损时，若铆钉未松动且埋深超过 0.5 mm，可暂不更换；若有松动，需重新铆接或更换铆钉；轻微烧损可用砂纸打磨。

⑤从动盘变形或飞轮与压盘不平，需修复。

⑥回位弹簧松弛或断裂，需要替换。

（2）离合器分离不彻底。踩下离合器踏板后，动力传递未能完全断开，挂挡困难或有明显的打齿声。故障原因和排查方法如下。

①离合器自由行程过大或分离间隙太小，需要适当调整。

②分离杠杆内端不在同一水平面或弹簧失效，导致压盘倾斜，需调整或更换弹簧。

③离合器轴承磨损或从动盘变形，需检查并修复；若从动盘偏摆，需校正或更换摩擦片。

④摩擦片过厚或安装不当，减少有效工作行程，需查明原因并解决；过厚的摩擦片需更换或加垫片。

（3）方向盘抖动、前轮摆头。通常由前轮定位不当或主销后倾角过小引起。无仪器检测时，可试着在钢板弹簧与前轴支座后端加入楔形铁片，调整主销后倾角，运行后应可恢复正常。

（4）变速后自动跳挡。变速后自动跳挡的主要原因有拨叉弹簧松弛、拨叉轴槽磨损或连杆接头间隙过大。这时应及时更换拨叉弹簧、修复定位槽和调整连杆接头间隙，确保变速正常。

（5）液压制动失效。这时应检查制动总泵和分泵，确认是否定时更换刹车油和排除制动管路内的空气，确保刹车踏板符合规定高度。

3. 拖拉机液压悬挂系统常见故障诊断

（1）液压油管由于疲劳而折断。高频的油压变化和高油温会频繁地使管壁张弛，这容易引发疲劳断裂。为了提高液压油管的使用寿命，可以将细铁丝制成弹簧状，放入油管内以提供支撑。

（2）齿轮泵出现不吸油或吸油不足的问题。这可能由几个因素引起，包括油面过低或缺油；油品不合适或油温过低导致油液黏度增大；滤油器或吸油管路被污物堵塞；吸油口接头未拧紧或密封圈损坏、遗漏等导致吸油管路进空气；齿轮泵前盖的自紧油封破损，使空气进入。

（3）液压悬挂系统无法正常提升农具或提升功能失效。当操作机构出现故障时，可通过手感法判断；悬挂系统在提升时，如果油泵噪声增大并且温度上升，可能是吸油不畅或吸油不足；如果油箱内出现气泡，表明油泵吸油管路可能存在漏油问题。此外，还可以使用压力表或专用测试仪进行更精确的判断。如果安全阀在打开后无法正常回位，或阀体与阀座之间的密封出现问题，也会导致漏油。此时，可以采用更换部件的方法进行维修。若液压缸严重漏油，可以人工提升农具，将操作杆置于中立位置，并切断液压泵动力，观察农具是否会自动下降，以此判断和排除故障。

第三章　耕整地机械的应用与维护技术

第一节　耕整地的作用与农业技术要求

一、耕整地的作用

耕地是作物栽培的基础，耕地质量好坏对作物收成有显著影响。耕地的作用在于耕翻土层，疏松土壤，改善土壤结构，使水分和空气能进入土壤孔隙，并覆盖杂草、残茬，将肥料、农药等混合于土壤内，以恢复和提高土壤肥力，消灭病虫草害。

用铧式犁耕地后，由于土垡间存在较大空隙，土块较大，耕作层不稳定，地表也不够平整，不能满足播种或栽植的要求。因此，还需要进行整地作业，以进一步破碎土块，压实表土，平整地表，混合肥料、除草剂等，为播种、插秧及作物生长创造良好的土壤条件。

二、耕整地作业的农业技术要求

（一）耕地作业的农业技术要求

（1）耕地活动应在适宜的农时和墒情期间进行，以确保土壤湿度和时机恰当。

（2）耕地的质量需要符合"深、平、齐、碎、墒、净"六个标准，以达到理想的耕作效果。

（3）耕翻土壤应保证达到规定的深度，保持均匀一致，与既定的耕深误差不超过1 cm。对于土壤耕作层较浅、地下水位较高或盐碱含量较高的地区，应按计划逐年加深耕作深度，一般采用深耕犁，耕深介于40~70 cm。

（4）翻土时垡片需要翻转彻底，确保地表的残株、杂草、肥料及其他地表物质被充分覆盖。

（5）要求耕作直线进行，耕后地表应平整、松散且均匀，避免出现重复耕作或漏耕现象，地头整齐，并确保耕至田边，避免回垡和立垡的问题。

（6）应严格执行耕作制度，根据前一次耕作的情况调整开闭垄的操作，防止多年重复同一耕作方向，以保护土地平整性。

（7）尽量消除或减少闭垄台和开垄沟的形成，以保护土壤结构和减少水土流失。

（8）耕地前必须用圆片耙或缺口耙进行灭茬作业。

（二）整地作业的农业技术要求

（1）整地质量要达到"齐、平、松、碎、净、墒"六字标准。

（2）整地要疏松表土，切断毛细管，以达到蓄水保墒、防止返盐的目的。

（3）整地要消灭大土块和土块架空现象，使土壤细碎，以利于种子发芽和作物根系生长。

（4）表面肥料要覆盖良好，杂草要全部消灭。

（5）在保证整地质量的情况下，尽可能采用复式作业。

第二节　耕整地作业机械的操作规程

一、耕整地作机械的种类

耕地作业机械与整地作业机械统称为耕整地作业机械。

（一）耕地作业机械的种类

耕地作业机械的种类很多，按工作原理不同分为铧式犁、圆盘犁、旋耕机和深松机等。其中，以铧式犁应用最广。

（1）铧式犁有良好的翻土覆盖性能和一定的碎土能力，耕地质量较好，但阻力较大，是最主要的耕地机械。

（2）圆盘犁的翻土、碎土性能不如铧式犁，但它能切碎干硬土块，切断草根和作物茬子，多用于生荒地和干硬土壤的耕翻。

（3）旋耕机碎土能力强，但覆盖性能差，旋耕深度一般也较浅。旋耕机实质上是一种耕整地兼用机械，在我国南北方均有广泛使用。

（4）深松机作业时，只松土而不翻土。深松机能破坏长期耕翻所形成的坚硬犁底层，改善土壤结构，是一项重要的增产技术。

（二）整地作业机械的种类

整地作业机械包括各种耙（圆盘耙、钉齿耙、弹齿耙、水田耙等）、镇压器、平地机械及开沟做畦机械等。

二、耕整地作业的基本工作流程

明确作业任务和要求→选择拖拉机及其配套耕整地机械型号→熟悉安全技术要求→耕整地机械检修与保养→拖拉机悬挂（或牵引）耕整地机械→选择耕整地机械田间或运输作业规程→耕整地机械作业→耕整地机械作业验收→耕整地机械检修与保养→安放。

三、耕地作业机械的操作规程

（一）耕地作业前的田间准备

1. 清除田间障碍

耕地作业前必须进行田间实地检查，将影响作业的障碍清除，对于不能清除的障碍物要做出标记。

2. 确定条田最小长度的要求

为了减少机具磨损，发挥机械效益，降低成本，各型机车在耕地作业地块的最小长度都应有一定要求。

3. 规划作业小区

作业小区的宽度，应依据地块的长度和犁工作幅宽确定。

4. 规划转弯地带

机组工作前，应先划出转弯地带，宽度为机组工作幅宽的整倍数。

转弯地带界线为机组工作起落线，一般可用犁耕好，深度8～10 cm，垡片翻转方向应外翻。

转弯地带不宜过小，严禁牵引犁在作业中转弯，转移只能在犁完全升起后进行，否则会造成机具严重磨损变形。

5. 插标杆

小区规划确定之后，应在第一趟插上标杆，标杆要插直、插牢，并呈直线，标杆的位置一般在前次地的开垄线上，以达到开闭垄交替耕作。

（二）耕地作业机具的准备

犁耕是田间作业最基本的项目，应重视以下几个问题。

（1）选择好犁的适耕时间，土壤湿度如果过大，就不能顺利地耕作。一般以用手握土能成团，离地1 m落地能散碎为适宜。

（2）要选好犁，即犁和拖拉机的配套性。拖拉机的功率要使犁能达到农艺所要求的耕深；拖拉机的轮距宽和犁的工作幅要配合，避免偏牵引；犁体的类型要适应土壤的性质和耕作要求。

（3）按耕作田块的实际宽度，选择适用的耕地行走方法，尽量减少空行和沟垄。

（4）犁在使用前要认真维修、检查和调整，保证犁有良好的技术状态。主要检查项目如下。

①检查犁的完整性。犁在调整以前，应事先详细检查各部零件是否完整无缺，拧紧各部螺栓，排除一切发现的故障。

②检查犁架的技术状态。将犁放在平台或平地上，使犁呈水平状，用绳子检查犁架是否完好。具体要求如下。

a. 犁梁离水平地面的高度偏差，不应超过5 mm；

b. 犁梁之间横向距离的偏差，不应大于7 mm；

c. 各相邻犁铲的前进方向，重复度应为20～30 mm；

d. 各犁体的犁尖和犁锤，应力求在同一水平面上，犁尖不得高于犁锤，犁锤可高于犁尖，但最大不超过10 mm，并允许铲尖偏向未耕地5～10 mm；

e. 各犁体的侧部、底部应有间隙（犁侧板与铧尖），即水平间隙10～30 mm，垂直间隙5～20 mm。

③检查犁刀的技术状态，具体要求如下。

a. 圆片犁刀的平面翘曲，偏差不应超过3 mm；

b. 圆片犁刀轴承间隙不得超过1 mm；

c. 犁刀刃口厚度不得超过0.5 mm，刃口角度为20°；

d. 圆片犁刀应旋转灵活。

④大铧、小铧、犁体技术状态的具体要求如下。

a. 各铲尖应在一直线，偏差不得超过5 mm；

b. 犁铲刃口厚度不应大于1 mm，刃口斜度面宽度不应超过5 mm；

c. 犁铲磨钝以后，对工作幅宽、深度、阻力、耗油等方面有显著的影响；

d. 犁铲与犁壁应紧密结合，其间隙不得超过1 mm，犁铲允许高于犁壁，但不得超过1 mm，不允许犁壁高于犁铲；

e. 犁体上各部埋头螺栓，不得突出工作表面；

f. 犁铲、犁壁、犁床应紧靠犁柱，如有间隙，不得超过3 mm；

g. 犁床、犁锤不得有严重磨损和弯曲。

⑤检查犁刀、小铧的安装位置,具体要求如下。

a. 小铧尖到大铧尖的水平距离为30~35 cm;

b. 小铧的安装高度,应使其能耕翻10 cm的土层;

c. 小铧的刃口应呈水平状;

d. 小铧的犁径与大铧犁径在一个平面上,也可以向未耕地偏移1~2 cm;

e. 圆切刀的中心应与小铧尖在同一垂直线上,其刃口的最低位置应低于小铧2~3 cm;

f. 圆切刀向未耕地方向偏移出1~3 cm。

⑥检查犁轮、犁轴的技术状态,具体要求如下。

a. 犁轮的轴向移动,不得大于2 mm;

b. 犁轮轴套、轴颈的配合间隙,不应大于1 mm;

c. 犁轮的旋转面应垂直,其偏差不得超过6 mm;

d. 犁轮的径向椭圆度,不应超过7 mm;

e. 犁轮独套紧度合适,拧紧护罩、油嘴,劈开开口销,紧固各部。

⑦检查调节装置的技术状态,具体要求如下。

a. 深浅及水平调节装置,应转动灵活,丝杆正直;

b. 升降器棘轮在离开状态时,地轮不应带有逆止锁片(月牙卡铁)卡住的声音,必须自由旋转,起落机构应操纵灵活,各部完好;

c. 牵引式液压犁,应检查油缸固定情况和油管安装情况,不得漏油,油缸活塞杆及油管接头应擦拭清洁。

⑧检查轴承润滑及其他部位的技术状态,具体要求如下。

a. 轴承注油时,直到新油溢出为止;

b. 保险销、月牙卡铁、螺栓等易损配件,要准备好备用品;

c. 检查牵引钉齿耙的支杆牵引链,准备技术状态良好的钉齿耙和完好的耱;

d. 用大型拖拉机牵引两架犁时,应检查、调整好犁的连接器。

⑨机具编组。确定牵引犁铧数量时,应根据土壤阻力,要求耕深、犁铧工作幅宽,以及拖拉机工作速度下的牵引力。拖拉机的牵引力利用率应达90%~95%,严禁机车经常处于超负荷状态,也不宜长期在一速状态下作业。

耕犁后的土壤需要保墒时,可带耙、耱,其幅宽与犁工作幅宽应一致或大一些。

⑩调整机组的牵引装置。为了保证耕作质量,减少阻力,必须正确安装拖拉机和犁的牵引装置,使犁的主拉杆与前进方向一致,使牵引线通过阻力中心点,保持犁体能够平稳地工作。

在耕地作业中,由于土壤性质、干湿和杂草多少的不同,犁的阻力中心点也会变更。因此,在耕地时要因地制宜地安装调整牵引装置。

（三）耕地机组的作业

1. 机组作业的方法

耕地方法的好坏，对保证耕地质量，提高生产率和降低燃油消耗有很大影响。在常用的耕地方法中，小块地采用内翻法或外翻法，大块田采用内外翻交替耕作法。

（1）内翻法：先在作业小区中心线偏左1/2耕幅处插上一趟标杆，机组中心对准标杆前进，垡片向内翻转，逐渐向外侧耕作（离心），在作业小区中形成一个"闭垄"。

（2）外翻法：距作业小区右地边1/2耕幅处插一趟标杆，机组中心线对准标杆前进，垡片向外翻转，由外向地中心耕作，耕后在小区中心形成一个"开垄"。

（3）内外翻交替耕作法：可以减少开闭垄的数目，内外翻交替耕作法目前广泛被采用。

注意：以上三种方法，机组在地头均作有环节转弯，地头需留宽些。

（4）消灭开、闭垄作业法：可在地表比较干净的条件下采用。作业时，先在第一区中心线处进行外翻一圈，然后在此位置上内翻重复，把第一圈的外翻土再翻回来，正好把中央沟填平，直到第一小区内翻结束，再用同法耕第三小区。第三小区耕完，外翻法耕第二小区，最后在第二小区中央有一开垄沟，机组再用内翻法重复，直到开垄沟基本填平。消灭开、闭垄作业法开闭垄小，第一犁能耕到规定的深度。

（5）液压悬挂双向犁作业法：在离地边1/2耕幅处，插上开型标杆线，机组作业第一趟沿标杆前进，采用内翻法。返回时机车轮胎走犁沟，采用外翻法，把上一趟内翻土垡翻向原处，以后一直采用外翻梭形耕作路线。

注意：悬挂犁的升降必须边走边放，并保证犁的翻转处于"死点"，液压油管必须保证有适当长度，并密封无渗漏。当犁在翻转过程中停于"死点"，不要用液压硬顶，而应使翻转犁油缸处于液压浮动位置，用人推一下犁架，使其越过"死点"，再操纵分配器手柄，使犁继续翻转。

双向犁的调整，要使犁架纵梁和横梁处于水平位置以保证耕深一致，可以调节左右调整螺栓和中央拉杆来实现。

2. 机组试耕及耕深检查

机组进地，按小区规划和确定的作业法进行作业。第一圈作业结束后，在第二圈作业前，要对耕深、犁的尾轮、牵引装置、机车负荷等检查调整完毕。

耕地时，要求沟轮与沟墙之间有2～3 cm的距离，拖拉机右链轨距沟墙边有5～10 cm距离。

当第二圈开始耕犁40～50 m时，每隔数米要检查一次耕深，求出平均深度，如与规定耕深相差1 cm以上时，要进行调整。液压五铧犁在耕深不合要求时，要重新调整升降油缸的定位卡箍在活塞杆上的位置。在达到要求的耕深时，压下定位阀和相应的尾轮轴挡箍位置。

3. 检查并调整犁的作业部件

（1）当犁在规定的耕深进行工作时，尾轮拉杆应处于完全松弛状态，而在运输过程中，犁铧与地面之间应保持至少20 cm的间隙。

（2）尾轮应正确安装，使得后犁铧犁锤的末端比沟底高出8～10 mm；尾轮平面应与耕过的土地垂直线形成15°～20°的角度，且尾轮边沿与沟壁的距离应为10 mm。

（3）作业中若出现以下问题，应调整牵引装置：若第一铧出现漏耕，应将犁在拖拉机牵引板上的位置向右调整；若第一铧重耕，应将位置向左调整；若整个犁架的耕幅过宽，应将犁的纵拉杆和斜拉杆在横拉板上向右调整；若耕幅过窄，则向左调整；若作业中第一铧较第五铧深，应将犁的牵引横拉板向下移动；若第一铧较第五铧浅，应向上移动。

（4）在作业时，如果发现沟底不平，可通过调节水平调节轮来修正：若沟底出现右锯齿状，则将水平调节轮顺时针转动，使沟轮向上移动以消除不平；若出现左齿形，将水平调节轮逆时针转动，使沟轮向下移动以平整沟底。

4. 检查拖拉机的作业负荷情况

拖拉机在发动机正常转数、牵引装置正确安装和达到规定耕深的条件下，以正常的工作挡进行作业。如果拖拉机经常超负荷，或经常用1挡工作时，就必须卸掉一个犁铧。

拖拉机在犁耕过程中，如果达到规定深度且负荷仍轻时，为了充分利用马力，可换较高挡进行作业。

为了保证拖拉机在各种土壤或不平的地面上有合理的负荷必须根据不同情况机动地改变速度，但只有在能连续工作不少于100 m的情况下，换成高速挡才有利于作业。

5. 犁的起落及倒犁

为了保证地头整齐，耕深一致，在每个行程开始前，沟轮接近起落线时落犁。犁的升起要在最后第二铧耕到起落线时进行。悬接双向犁作业时必须完全提升，离地面时，才能倒车。

牵引式犁必须倒犁时，应徐徐后退，防止犁的部件扭曲变形。

6. 犁的技术维护

耕地作业中，要对犁的各部位紧固情况进行检查，每工作4～5 h要停车紧固各部，并向犁刀轴承、犁轮轴承注润滑油。

耕地作业结束后，或因雨及其他原因暂停工作时，应将犁自犁沟中拉出，使其处于运输状态，清除粘在犁上的杂草和泥土。在犁壁、犁铲的表面上涂上一层废机油，并向所有注油点加注润滑油。长期停止作业的犁，要及时到农具停放场内，按机具保管要求处理。

（四）耕地作业中应注意的事项

（1）耕地作业时，选用犁的耕幅尽可能大于拖拉机轮距（轨距），以免偏牵引压坏了沟墙。

（2）对高秆绿肥作物进行整株翻压时，除摘去小铧外，可在每个主犁体前加装一直径为60 cm的圆片切刀，以便在翻压前先将绿肥蔓茎切断。

（3）除耕翻绿肥、秸秆还田作业外，一般应尽可能采用复式犁耕翻土地。这样做，可以提高作业质量，有利于消灭田间杂草和病虫害，减少土壤空隙，促进作物生长；并可使翻垡稳定，耕后地表平整。

（4）在条件适宜和不需要晒垡的情况下，尽量采用耕耙等复式作业。但水稻地犁地或地下水位过高犁地，不宜复式作业，采用立垡越冬，有利于土壤风化，不返明水、返碱水。

（5）在耕地作业开始前，驾驶员首先犁出起落线（常采用外翻一犁），日班驾驶员要为夜班打好小区里的第一趟行走路线，并应留下障碍物较少的地区让夜班作业。

（6）驾驶员和农具员要熟悉地块内的一切情况（如障碍物、土质、墒度等），以保证作业的顺利进行。

（五）耕地作业的质量检查验收

1. 耕深质量检查

每班作业人员要检查耕深2~3次，每次在地头、地中测点5~6个，耕深的平均值应与规定相差不超过1 cm。耕翻完毕的地块检查平均深度时，可在地块对角线上测量20个点左右，求得平均值。一般耕后土壤疏松，可按实测深度的80%计算实际耕深；耕后平地和镇压时，按90%计算实际耕深。测量方法，可用尺直插沟底，摊平表土进行。

2. 垡片翻转质量检查

垡片翻转质量检查主要检查杂草、残株、肥料的覆盖，以及漏耕和立垡情况，同时按技术要求，检查开、闭垄的处理情况。对于机组工作中存在的质量问题，一经发现必须立即通知机车组纠正。

3. 地头、地边耕地质量检查

地头、地边耕地质量检查主要检查地头、地边是否耕完、耕齐，地角尽量耕到。

（六）耕地作业的安全技术要求

1. 对农具员的要求

耕地作业前，应对机车组全体人员进行安全教育。农具员必须熟悉犁的构造、调整、使用、保养和安全技术，才能在犁上操作。

2. 机车的起步及作业

拖拉机起步前，驾驶员应向农具手发出信号，一切准备就绪后，才能起步。

拖拉机驾驶员在作业中，应经常注意看农具员的工作情况，特别在地头转弯时，要注意农具员的安全。驾驶员在作业中，不允许高速在地头行驶及转弯。

3. 犁的调整及故障排除

机车工作中，除进行深浅、水平调节外，其他的调整一律禁止，也不允许在工作中拧紧螺栓或排除故障。

更换犁铲或紧固犁铲螺丝时，只能在拖拉机熄火或与农具分离后进行。

大铧、小铧的工作表面沾满泥土或杂草，应在转弯时清理。清理时，用专用工具处理。

犁被堵塞时，农具手应立即发信号，让驾驶员停下予以排除。

4. 对安全装置的要求

牵引架上的安全保险销子应合乎要求，不允许用其他材料代替，保险装置的压紧螺丝必须拧紧。为了保证液压五铧犁在保险销子拉断后，不拉坏液压部分的油管和高压软管，必须在油管接头处用安全自封接头或用保险链。

5. 夜间耕地

机车夜间耕地时，应有足够的照明设备。机组人员要熟悉地面情况。

6. 人身保护

在灰尘多的条件下耕地，机组人员应戴有风镜和口罩。在灰尘影响视线时，机车应暂停，待灰尘过后再进行作业。

7. 犁的转移运输

牵引犁远距离运输时，应卸下全部抓地板，犁架上不得放沉重的东西，路况不好和过桥时应缓行。犁在运输前和运输中应润滑和检查各部。悬挂犁在运输中，当犁升起后，应将油缸上的定位阀压下，使它落入阀座上。

四、整地作业机械的操作规程

整地是耕地后和播种前对土壤表层进行的一项作业。整地必须贯彻精耕细作的原则，为播种创造良好的条件，从而有利于农作物的种子发芽和出苗整齐，有利于作物根系的生长。整地作业要根据本地区的土壤情况、气候条件、种植作物、机具设备等不同要求，因地制宜地进行。整地应以最少的作业层次，在适宜的农时内，达到播种前土地平整的标准。在整地机械作业中，应采用复式和宽幅作业，尽量减少拖拉机对土壤的反复压实。

（一）整地作业对机具的要求

（1）有良好的切碎土块、切断作物残茬和秸秆的性能。整地后能使地表具有疏松的表土层和适宜的紧密度，起到保墒和防止返盐的作用。

（2）能有效地平整地面。

（3）有一定的翻土和搅土能力，用以覆盖秸秆、残茬、肥料和消灭杂草。

（二）圆盘耙整地作业

1. 机具准备

（1）机具的选择。

①在土质黏重或草皮层较厚的新荒地、水稻田和高盐碱地，推荐使用重型缺口耙，这有助于更好地碎土和杂草皮层，以及彻底翻耙垡片。

②对于土质较黏重的耕熟土地，适合使用重型圆盘耙进行作业。若使用轻型圆盘耙，应适当增加重量以避免耙体在作业中跳动，从而影响耙入土壤的深度。

③对于耕翻质量良好或土质较松软的熟地，一般使用轻型圆盘耙。

④在前一作物收割后进行灭茬作业时，可以使用轻型双列圆盘耙或重型缺口耙。如果在灭茬后直接进行播种而不再耕翻，首次耙地最好使用重型缺口耙或重型圆盘耙，以确保土壤得到充分疏松。

（2）圆盘耙技术状态的检查。

①每组圆盘耙的刃口应在同一水平线上，相差不超过 3 mm；刃口间要相互平行，最大不平行度不超过 10 mm。

②圆盘耙组应自由转动，圆盘不得在轴上晃动。

③刃口锋利，不变形，刃口厚度不得大于 0.4 mm，刃口斜面长为 8～10 mm，刃口角度为 15°～20°。

④方轴应平直，不得弯扭。

⑤刮土板应与圆盘轻轻接触，其摆动范围是在距离圆盘后边缘 20～30 mm 内，距圆盘平面 5 mm。

⑥圆盘刃口允许的损坏程度，其纵向不应有裂纹，径向长度不大于 15 mm，径向磨损不应大于 50 mm。

⑦机架不得变形和开焊,角度调整机构要灵活,螺丝要紧固,润滑油嘴完好。

⑧在安装中要注意后列耙组拉杆安装的位置,如长拉杆应安装在11个耙片的那组上,短拉杆安装在10片的那组上。如果装错了,作业中会出现耙沟和漏耙。

(3) 复式作业或多台作业,要准备好连接器。

(4) 圆盘耙拖带的农具,不得直接挂在圆盘耙机架上,应用拉筋挂在拖拉机牵引板上或连接器牵引板上。

(5) 要准备作业时常用的圆盘耙备件。

2. 田间准备

(1) 消除田间障碍物,如作物茎秆、树根、石块、土坑等,对一时不能清除的障碍物,要做出明显的标志。

(2) 如果采用斜耙法,事先要在机组第一趟运行线上插上标杆。

3. 耙地作业

(1) 耙地时期:必须严格掌握土壤的适耙期,还应根据耙地的目的来确定。

①准备灭茬的地块,应在前作物收割的同时耙地(在联合收割机后面带上灭茬耙,进行复式作业),或在收割后立即耙地,以达到消灭作物残茬、杂草,保蓄土壤水分的目的。

②如果是春翻地(春旱地区),用翻耙复式作业,以防跑墒。

③地势低洼易涝和土质黏重的地块,准备进行晒垡、冻垡和散墒,耕翻后可以不耙,也可只进行粗耙或轻耙。

④春季在秋耕过的土地上播种春麦或早春作物,在土壤开始化冻时立即顶凌耙地,以减少土壤水分蒸发,疏松土壤,提高地温,平整土地。

⑤黏土地湿度大或雨后耙地,要在土地稍干时进行。过早,土壤太湿,易耙成团,干后形成硬块;过晚,土壤水分损失多,地里的土块坚硬不易破碎,耙后容易形成硬块。为了保墒,可采取干一片、耙一片的办法。

⑥水稻地倒茬(第二年种早春作物)时,如地耕翻后比较干,要掌握时机进行多次耙地,否则进入冬季,土地冻结,不能切地,影响来年播种。

(2) 耙地方法:有横耙、顺耙和斜耙三种。要根据地块大小、形状、土壤质地、播种方向等,确定耙地的方法。例如,多年熟地及土质疏松、平坦的地块,可用横耙;生荒地及土质黏重、土块较大的地块,可用斜耙;翻后的地,土质黏重、土块较大的地块,第一遍最好顺耙,以免翻转土垡和机车行走困难。

(3) 作业中机具调整。

①角度调整。在作业第一行程中,根据耙地的质量要求调耙组角度。角度大则入土深、碎土好,但调节不应超过最大设计角度。前列圆盘耙角度调节为0~17°,后列圆盘耙角度调节为0~20°。

②牵引线的调整。两台以上的耙连接作业时,两台耙的角度调节要一致,机架要水平。牵引线过高,会使耙地深度不均或过浅。

③耙的加重。在黏重干硬的土壤作业时,如入土深度不够,可在耙架加重箱上加重,但不得加石块或铁器。全机均匀分布为100～400 kg。

④耙的保养。圆盘耙每工作2～3 h,应检查轴承温度,各部螺母锁片的安装和紧固;每工作4～5 h,应向轴承注油,雨后及灌溉后土壤黏重的情况下,刮土刀与耙之间的间隙过大,都会使耙片堵塞,应及时清除,否则会造成耙地深度不够。

⑤耙的运输。运输时,耙片角度应调整成零度,卸掉加重箱上的重物。轻型圆盘耙应装上行走轮,重型耙应调节轮子呈运输状态。

(4)作业时注意事项。

①进地耙过第一圈以后,要及时检查作业质量,看耙的深度是否一致,是否符合要求,碎土是否好等。质量不符合要求的,要立即调整。

②驾驶员要灵活把握前进速度,行走要直,第一趟和第二趟重叠不宜过大,转弯要慢,转弯弧度要大,转弯时要特别防止漏切。

③耕翻后(土质松软)第一遍切地,速度不宜过快,否则易造成机车和农具损坏。

(三)钉齿耙整地作业

1. 机具选用及编组

钉齿耙的入土能力决定于耙的重量,根据其本身的重量可分为重型、中型和轻型三种。钉齿断面形状有方形和圆形两种:方形断面尺寸为16 mm×16 mm,用于重型耙和中型耙;圆形直径为14 mm。方形齿碎土除草能力强,圆形齿用于苗期耙除幼草、机具编组中。钉齿耙可以单独作业,如苗期耙地等,但在整地作业中,通常与圆盘耙、平地板、耱等组成复式作业机组联合作业。

2. 技术状态检查

(1)耙架要平,弯曲不超过5 mm,扭曲不超过2 mm。

(2)钉齿齐全,螺母要用锁片固定,钉齿正直,偏差不超过3 mm;长短一致,相差不超过10 mm;齿尖锐利,刃厚不超过2 mm。

(3)各钉齿尖端的棱角应位于耙的前进方向。

(4)连接链环齐全,在连接到作业机组上时,应使耙链长度保持一致。

3. 机组作业的运行方法

(1)梭形单遍斜耙:用于斜耙或纵向单遍耙地。

(2)绕行向心耙:行程率高,操作简单,地块耙完后,对转角应再做一次梭形作业。

（3）对角耙：用于耙两遍作业，每个小区以方形为好，耙完后在四边绕行一、两圈，以消除地边漏耙。

4. 作业中机具的检查调整

（1）耙地机组以中速作业为好，速度过快，机具易跳动损坏，速度过慢，碎土平地效果差。

（2）作业中发现漏耙，应调整安装卡子的位置，接垄要重叠10~20 cm。个别耙有抬头翘尾现象时，应调整耙链长度。耙齿刃口方向应与前进方向一致，耙齿挂草影响耙地质量时，应及时清除杂草。

（四）平地机械作业

1. 平地机的作用、特点和种类

（1）平地机主要用于地面平整。新疆为灌溉地区，土地平整不仅可以保全苗、夺高产，还可以节约用水和浇水的劳力。平地有工程性平地和作业性平地。使用平地机平地只能用于作业性平地。

（2）平地机的特点：铲刀的深浅、水平角度、侧向倾角均可调，机架跨度大，机身稳定，对地面仿形性较好。

（3）平地机可分为牵引式和悬挂式两种。

①牵引式平地机机身较长，作业中由农具手操作，可随地形调整，避免出现拖堆等现象，作业质量较好。

②悬挂式平地机结构简单，机动性好，适于小块地作业和水稻地格田平地。为了改善平地机功能，有的在平地铲前或铲后装有松土齿。

2. 作业及调整

平地作业不宜高速行驶，根据土壤比阻及作业要求可进行复式作业。机组运行方法和耙地作业相同。

平地作业时，农具员坐在平地机座位上，操纵舵轮（机械调整深浅）或分配器手柄（液压控制深浅），刨式平地机根据地形随时调整铲土深度（也有将分配器装在驾驶室内由拖拉机手操纵）一般在开始作业第一圈调整好入土深度（2~3 cm），正常作业后，不再在作业中调整，转移地块时，需由作业状态转换为运输状态。在使用液压操纵平地机时，需将平地机机上油管和拖拉机液压油路相接通，拖拉机液压分配器放在"上升"或"下降"位置，向平地机供油，用平地机上的分配器操纵。

3. 技术状态的检查

平地机要达到机架不变形、无开焊，行走轮和导向机构无晃动，刮土板正常无缺损。班次作业后，及时清除泥土，定时向主轴、导向轴和前、后轮注润滑油。

4. 平土框

平土框有木制和铁制两种，用于播前整地，能平整一般的凸台和小沟，对土块有镇压破碎作用，常与耙连接在一起复式作业。

平土框的前后横梁均离地 8~10 cm，纵梁与刮土板在同一水平面上，下面包铁板，各拐角处用铁板加强。表土可沿前后刮土板左右流动。

（五）开渠、打埂作业

1. 田地准备

开渠打埂前应粗平，若地里土块大，应先耙碎再作业，按规划位置插好开渠、钉埂的标记。

2. 机组准备

（1）根据开渠、打埂的大小、深浅，选用机具或改装机具。

（2）机具技术状态的检查和调整。

①根据作业要求和机具性能，调整取土深度、培土量和埂形，并紧固各部。

②调整压埂器，使之适应埂形。

③牵引式开沟打埂机，应检查起落机构是否灵活可靠。

（六）镇压地作业

1. 机具作用及构成

（1）作用：镇压的作用是压碎土块，压实耕作层，以利于保墒。播后镇压可使种子和土壤紧密接触，有利于种子发芽。

（2）构成：镇压器一般由三组构成，排列呈品字形，前列一组直径较大，利于压碎大土块和减少滚动阻力。镇压轮与轮轴之间有较大的间隙，工作时不但有滚动作用，且稍有上下运动，以增加敲击碎土作用。镇压环两侧有卡环限制镇压轮左右轴向移动的范围。镇压环轴两端安装在木瓦里，木瓦与支架连接。安装时应使轴承座和木瓦的注油孔对齐。支架上方有加重箱。镇压器运输时，可将两侧镇压器与前列镇压器串联起来，以减小幅宽。

2. 技术状态检查

（1）镇压轮无损坏，转动灵活。

（2）镇压器轴向窜动量不大于 7 mm，压轮径向间隙不大于 6 mm，木瓦间隙不大于 4 mm。

（3）机架完好无裂纹，各螺丝紧固良好。各轴承注满黄油。

3. 作业方法及注意事项

镇压器和箱子与平地机、圆盘耙复式作业时，按平地机、圆盘耙的作业要求进行运输。单独作业时，要注意当地面起伏时应沿波浪方向运行，以防架空。

过湿地块不能镇压，避免枝条沾泥，造成土壤板结。

（七）整地作业的质量检查验收

（1）整地机组的第一趟作业中，必须检查作业质量是否达到要求，如有问题应立即调整机具。

（2）整地作业不允许漏平、漏耙、漏压、漏耱，接幅重复不宜过多。

（3）开渠、打埂应符合深度、宽度、高度的要求。

（4）地边、地角是否有漏耙、漏压的情况。

（5）质量检查应由生产组长、机务领导、机车驾驶员共同参加，逐地块检查验收。

（八）整地作业的安全技术要求

（1）参加整地作业的人员，必须熟悉整地机具的构造、调整、使用保养和安全技术。

（2）机车开动前，拖拉机手一定向农具手发出信号。

（3）除大型需人操作的平地机外，其他整地机械不允许坐人。

（4）整地机械的调整、保养、清除杂草、泥土等，必须停车后才能进行。

（5）机具夜间作业，必须有充足的照明设备。

（6）机具转移通过居民点时，降低速度注意行驶，必需时应由机组人员护送。

第三节　犁的应用与维护技术

一、传统铧式犁

（一）构造和特点

1. 牵引犁

牵引犁的构造如图3-1所示，牵引犁主要由犁体、小前犁、犁刀等工作部分以及牵引装置、行走轮、犁架、深浅调节机构等辅助部分组成。牵引犁通过单点挂接与拖拉机连接，拖拉机挂接装置主要负责对犁的牵引。犁体由三个犁轮支撑，通过机械或液压机构调整地轮相对于犁体的高度,以此控制耕作的深度和水平位置。牵引犁具备耕深和耕宽稳定、作业质量高等特点,但由于结构较为复杂、机动性较差,通常需要配合大功率的拖拉机使用。

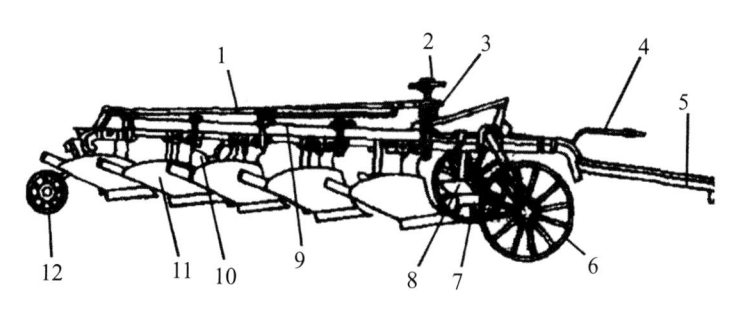

1—尾轮拉杆;2—水平调节手轮;3—深浅调节机构;4—油管;5—牵引装置;6—行走轮;7—地轮;8—小前犁;9—犁架;10—犁刀;11—犁体;12—尾轮。

图3-1 牵引犁的构造

2. 悬挂犁

悬挂犁的构造如图3-2所示,主要由犁架、犁体、悬挂架和悬挂轴等组成。根据耕作要求和土壤情况,在犁体前还可安装圆犁刀和小前犁,以保证耕地质量。有的悬挂犁设有限深轮,用来保持停放稳定,在拖拉机液压悬挂机构采用高度调节时,限深轮还可用于控制耕深。

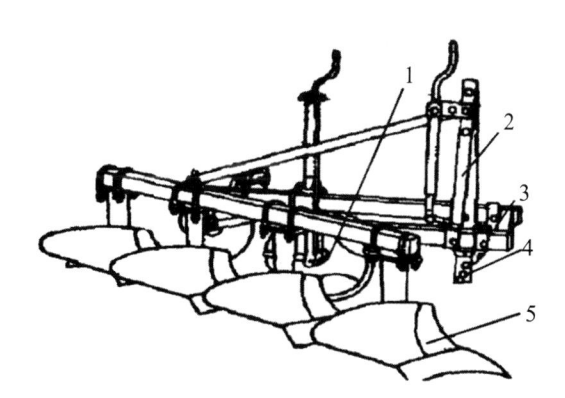

1—限深轮;2—悬挂架;3—犁架;4—悬挂轴;5—犁体。

图3-2 悬挂犁的构造

悬挂犁通过悬挂架和悬挂轴上的三个悬挂点与拖拉机液压悬挂机构的上、下拉杆末端球铰连接。工作时,由液压悬挂机构控制犁的升降。运输时,整个犁升起离开地面,悬挂在拖拉机上。

悬挂犁具有结构简单、重量小、成本低、机动性好等优点,得到广泛应用。但运输时,整个机组的纵向稳定性较差,因而大型悬挂犁的发展受到限制。

3. 半悬挂犁

半悬挂犁是介于悬挂犁和牵引犁之间的一种宽幅多铧犁,其构造如图3-3所示。半悬挂犁的前部像悬挂犁，通过悬挂架与拖拉机液压悬挂系统铰接，后部设有限深尾轮，用液压油缸控制，升犁时尾轮不离开地面。

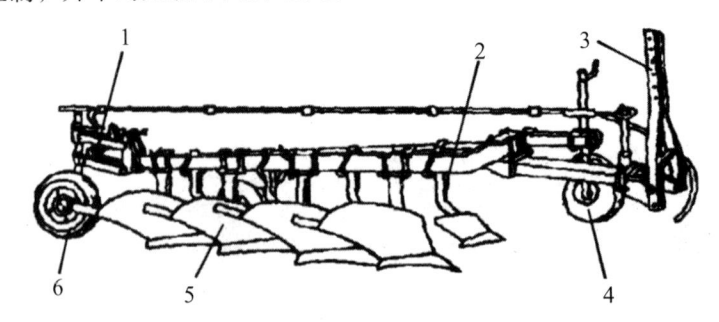

1—液压油缸；2—机架；3—悬挂架；4—地轮；5—犁体；6—限深尾轮。

图3-3 半悬挂犁的构造

半悬挂犁与牵引犁相比，简化了结构，转弯半径小，操纵灵便；与悬挂犁相比，能配置更多犁体，稳定性、操向性好。

（二）故障诊断与维修

（1）犁不入土，犁铧刃口过度磨损，修理或更换新犁铧。

（2）犁身太轻，在犁架上加配。

（3）土质过硬，更换新犁铧，调节入土角，调节限深轮。

（4）上拉杆长度调节不当，重新调整使犁有一个入土角；下拉杆限动链拉得过紧，放松链条。

（5）犁柱严重变形，校正或更换犁柱；上拉杆位置安装不当，重新安装。

（6）犁耕阻力大，掣铧磨钝修理或更换。

（7）耕深过大，调整升降调节手柄或用限深轮减少耕深。

（8）犁架因偏牵上下歪斜，重新调整犁柱。

（9）沟底不平，耕深不一致，犁架不平，将犁架调平。

（10）钻土过深，液压系统调节机构失灵，检修调整；或是将没有限深轮的犁用到置于液压系统的拖拉机上，换用带有限深轮的犁或加装限深轮。

二、液压翻转犁

（一）结构与工作原理

液压翻转犁主要由悬挂架、犁架、限深轮、犁体、支撑架、油缸（包括换向阀）等几部分组成，其结构如图3-4所示。

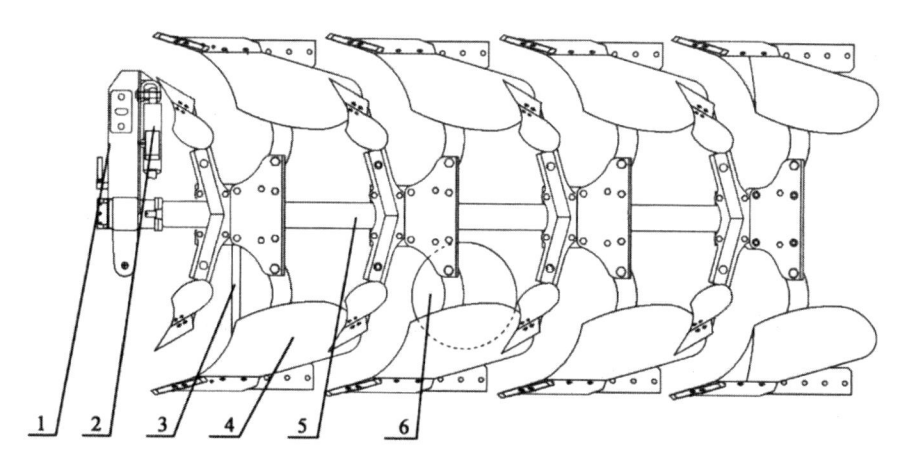

1—悬挂架；2—油缸；3—支撑架；4—犁体；5—犁架；6—限深轮。

图3-4　液压翻转犁结构示意图

液压翻转犁采用三点悬挂方式全悬挂于拖拉机上。工作时，拖拉机液压分配器操纵柄控制双作用油缸使犁翻转。工作部件入土深度由限深轮控制。

液压翻转犁可进行梭形双向作业，耕后地表平整，无沟无垄，地头空行少，在坡地上同向耕翻，可逐年降低耕地坡度。液压翻转犁适用于土壤比阻小于0.9 kg/cm²的棉花、玉米、小麦等旱田作物巷地耕翻作业。

（二）使用前的准备工作

1. 调整拖拉机的牵引杆

（1）将两根拖拉机提升臂调整为同一长度，可通过测量每根提升臂铰接销至十字轴销的距离进行调整，两侧对称与轮胎间尺寸一致。

（2）工作时，拧松提升臂限位链，每边放开约2 cm。两边轮胎的压力必须相同，否则两边的犁地深度不同。为确保拖拉机良好的工作效率，轮胎压力需跟载重量相配。

2. 与拖拉机的连接

液压翻转犁与配套拖拉机的连接方式均采用三点悬挂方式。

（1）将拖拉机液压操纵手柄置于下降位置，调整左、右吊杆长度一致，先挂上左、右下拉杆，再连接上拉杆，并用锁销锁住。

（2）油管一端用附件箱中的专用接头与拖拉机液压接头相接，另一端与翻转油缸换向阀连接。

（3）给液压管路缓慢加压，同时打开拖拉机上的液压阀排气。

（4）关闭阀门，继续增加压力至额定压力。

液压管路排气增压完毕，工作时一旦油压下降，可能是管路中还存留有空气，按照上述指示过程重新排气。

3. 翻转操作

（1）将悬挂架上的定位锁销抽出。

（2）操纵分配器手柄，将犁架提升到最高位置。

（3）将分配器手柄置于"提升"位置不动，使犁架翻转（如翻转后，犁架不能"越中"，可适当加大油门，提高翻转惯性）；当犁翻转180°后（犁架纵梁与悬挂架挡块相抵），翻转过程结束，松开操纵手柄。

（4）犁翻转快到限位位置时，应减慢翻转速度，避免使犁架产生较大的冲击。

犁的翻转动作结束后，必须等十几秒钟才能进行下一动作。

（三）工作时机器的调整

犁的调整顺序为：深度→垂直度→水平度→第一犁铧宽度→入土性能的调整。

1. 耕深调整

（1）翻转犁前部的犁铧（前、后的区分以限深轮为界），通过拖拉机的液压提升装置，两侧提升臂和上拉杆、中央拉杆进行调整。

（2）翻转犁后部的犁铧，通过位于中部的限深轮调整。

（3）限深轮固定板可沿机架副梁前后移动，但要避免超过最后一个犁体的位置。

（4）改变限深轮限位支座（螺栓）的长度及转动调节丝杆亦可实现耕深的调节。

2. 垂直度调整

垂直度调整可以在机器稳放于地上的时候进行，目的是确保犁跟地面的正确角度，与犁地深度无关。垂直度调整的步骤如下。

（1）操纵分配器手柄，使机器重量不再压在翻转支座上。

（2）顺时针或逆时针转动调整螺栓，以此调整犁的角度，使犁铧尖在同一水平线。

（3）翻转180°。

（4）对另一侧的调整螺栓重复上述操作步骤。

3. 水平度调整

耕作时，犁架应处于水平状态，使各犁体耕深一致，但在开垦时由于第一犁体阻力过大，极易造成部件损坏，因而建议将第一犁体的耕深调到预定耕深的2/3。

（1）纵向调整：犁架纵向不平时，表现为左、右犁铧耕深不一致，通过改变拖拉机中央拉杆和两吊杆的长度调整。

（2）横向调整：横向不平时，表现为前、后犁铧耕深不一致，通过改变拖拉机悬挂装置的两吊杆长度来实现，也可通过改变限深轮的位置进行调整。调整悬挂架横梁上两端的挡块螺栓，使犁架水平。

4. 第一犁铧宽度调整

（1）太深：缩短上拉杆，使前铧耕浅。

（2）太浅：加长上拉杆，使前铧耕深。

（3）太宽：检查犁柱垂直度，犁托立板与地面垂直；检查拖拉机轮距，轮距内宽是否与犁型配合。

5. 入土性能的调整

犁体的入土性能差时，可将拖拉机的两吊杆适当调长。对于可调犁体入土角的犁体，通过调整螺栓改变入土角的大小，保证四个犁铧尖在同一直线上，且保证左右翻转犁体高度相等。

（四）运输

犁作业过程中进行地块转移或作业完毕后运输时，应将机器置于运输状态。

（1）清理机器上的泥土及杂物。

（2）缩短拖拉机中央拉杆，挂好安全挂钩。

（3）提升并锁住犁体（用悬挂架上的锁销）。

（4）检查所有安全标志及安全装置处于工作状态。

（5）不可在悬挂状态长距离运输本机器，长距离运输，安装尾部运输轮。

（6）拖拉机的行驶速度不得超过 15 km/h。

（7）装车运输时，机器必须由固定链条稳固在车上，避免前后和左右晃动。

（五）保养

1. 作业前的保养

（1）检查所有螺栓螺母是否紧固。

（2）用黄油枪润滑所有黄油嘴位置。

（3）检查轮胎压力。

2. 作业中的保养与维修

（1）检查所有易损件是否完好。

（2）应及时清除犁体和限深轮上的黏土和拖挂物。

（3）经过 2~3 个班次的工作，应向各润滑点注油一次。

（4）犁铧刃口厚度一般超过 3 mm 时，应予以锻打修复。

（5）紧固各部螺栓，检查并及时修复损坏零件。

（6）工作部件表面应清理干净，并用润滑油和柴油的混合油或其他机器保护，以避免表面氧化。

(7) 每耕作季节结束后，应将限深轮、轴承等件进行拆卸清洗检查，磨损过重的零件应更换，安装时应注满黄油。

(8) 犁铧、犁壁、犁侧板等与土壤接触的表面，以及外露螺纹，入库前应除去脏物，涂上防锈油，置于干燥处，并尽可能放入室内保管。

3. 作业后的保养

(1) 第一天作业后，检查所有螺栓和接合点是否紧固，以消除可能产生的松动。

(2) 当一个作业季节结束后，推荐保养机具，具体如下：

①把机具置于停放位置；

②应及时消除犁体和限深轮上的黏土和拖挂物；

③工作部件表面应清理干净，并用润滑油和柴油的混合油或其他机器保护，以避免表面氧化；

④彻底润滑犁及其附件；

⑤保护液压缸活塞杆；

⑥液压管快速接头盖上护罩；

⑦给压力管泄压；

⑧存放于具有基本安全保障的棚下。

（六）常见故障及排除方法

常见故障及排除方法，见表3-1。

表3-1　常见故障及排除方法

故障现象		解决办法
作业深度	太深	升高限深轮：调节限深轮支座螺栓，使其升高，限制深度
		用液压分配器手柄控制耕深
		将拖拉机左右吊杆缩短
	太浅	调整液压分配器手柄
		将拖拉机左右吊杆放长
		降低限深轮：调节限深轮支座螺栓，使其降低，增加深度
挂接	后面深	缩短上拉杆，使后铧耕浅
	前面深	加长上拉杆，使前铧耕浅
第一犁铧	太深	缩短上拉杆，使前铧耕浅
	太浅	加长上拉杆，使前铧耕深
	太宽	检查犁柱垂直度：犁托立板与地面垂直
		检查拖拉机轮距：轮距内宽是否与犁型配合

续表

故障现象	解决办法
犁铲难以入土	检查拖拉机和犁的挂接（连接点太高），降到犁铲入土深度合适为止
	降低限深轮并检查它在犁架的位置（如需要，往后移动），移至合适位置
	缩短上拉杆（增加犁铲角度），调整犁铧入土角
拖拉机负荷重打滑	调整限深轮，减少深度
	减少犁铧入土角，调整犁体入土角调整螺栓
	犁锞入土太深，调节到规定深度
	检查轮胎压力，轮胎气压是否正常
拖拉机稳定性不足（跑偏）	犁的挂接是否在中心，进行调整，使三点悬挂在拖拉机的中心
	升降臂与两内侧轮胎尺寸一致
	调整各犁柱间距，达到要求尺寸统一
右铧、左铧耕作深浅不一致	测量右铧尖到主梁的尺寸，翻转180°后，测量左铧尖到主梁的尺寸，使其一致
	调整悬挂架两端的挡块螺栓，使犁架水平

三、旋耕机

（一）旋耕机概述

旋耕机是一种由拖拉机动力输出轴驱动进行工作的耕整地机具。旋耕机是利用旋转刀片对土壤进行切削与粉碎。

1. 旋耕机的类型

（1）根据旋耕机的刀轴配置，旋耕机可以分为横轴式旋耕机（也称卧式旋耕机）和立轴式旋耕机（也称立式旋耕机）两种。

（2）根据旋耕机与拖拉机的连接方式，可以分为牵引式旋耕机、悬挂式旋耕机和直接连接式旋耕机三种。

（3）根据旋耕机的刀轴传动方式旋耕机可以分为中间传动式旋耕机和侧边传动旋耕机。

2. 旋耕机的特点

（1）旋耕机具有很强的切土、碎土能力，耕后地表平整、松软，一次作业能达到犁耙几次的效果。

（2）旋耕机对土壤湿度的适应范围较大，在水田中带水旋耕后可直接插秧。

（3）旋耕机能有效地切断植被并将其混于耕作层中，也能使化肥、农药等在土中均匀混合。

（4）旋耕机作业时，所需牵引功率不是很大，但整个旋耕过程功率消耗较大，所以耕深较浅。

（5）旋耕机覆盖质量较差。

旋耕机虽然还不能取代一般的耕耙作业机械，但在水田、菜园、黏重土壤、季节性强的浅耕灭茬和播前整地等作业中，已得到广泛应用。

3. 旋耕机的一般构造

旋耕机主要由机架、传动装置、刀辊、挡土罩和拖板等组成，如图3-5所示。

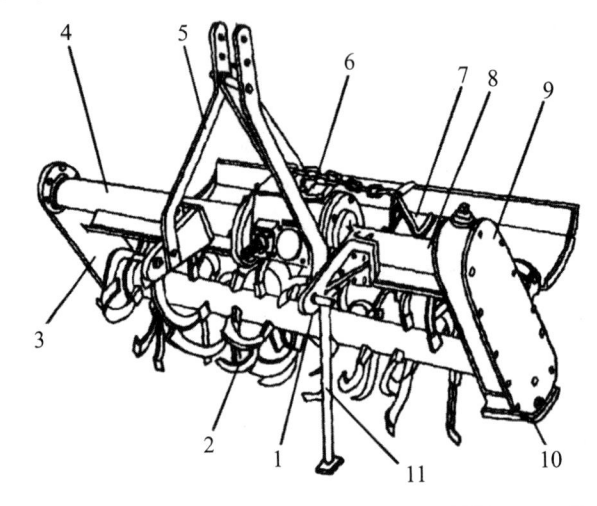

1—刀轴；2—刀片；3—侧板；4—右主梁；5—悬挂架；6—齿轮箱；
7—挡土罩；8—左主梁；9—侧传动箱；10—防磨板；11—撑杆。

图3-5 旋耕机

（1）机架。卧式旋耕机机架呈矩形，由左、右主梁，侧板、侧传动箱壳及作为刀轴的后梁组成。主梁上还装有悬挂架，以便与拖拉机挂接。

（2）传动装置。传动装置包括齿轮箱和侧边传动箱。拖拉机的动力从动力输出轴由万节传动轴传至齿轮箱后，再经侧传动箱驱动刀轴旋转。

传动方式有侧边齿轮传动和侧边链传动两种形式（图3-6）。链传动结构简单，重量轻，但链条易磨损断裂，寿命较短。齿轮传动可靠性好，但加工精度高，制造较复杂。

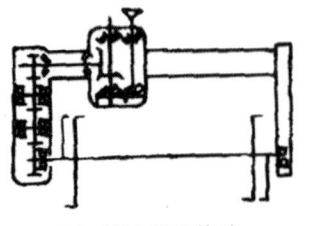

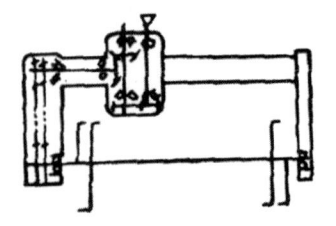

(a) 侧边齿轮传动　　(b) 侧边链传动

图3-6 旋耕机的传动

（3）刀辊。刀辊由刀轴、刀座和刀片组成。刀轴用无缝钢管制成，两端焊有轴头，轴管上按螺旋线规律焊有刀座，如图3-7（a）所示，刀片用螺栓固装在刀座上。有的刀轴上焊有刀盘，如图3-7（b）所示，刀盘上沿外周有间距相等的孔位，可根据不同需要安装多把刀片。刀片是旋耕机的工作部件，常用的刀片有弯刀、凿形刀和直角刀三种，如图3-8所示。

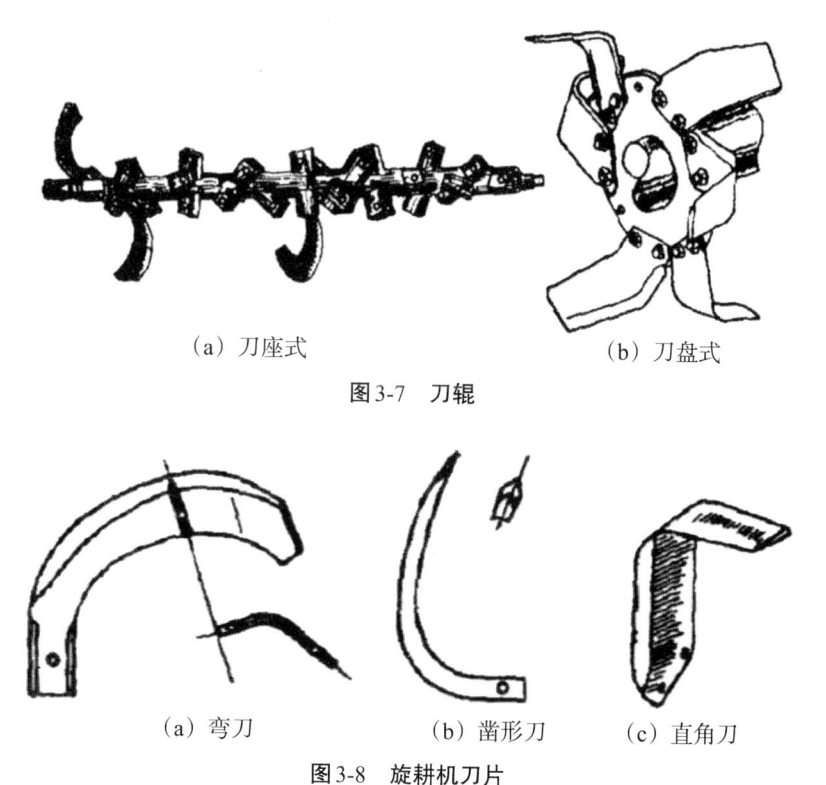

（a）刀座式　　　　　　　　（b）刀盘式

图3-7　刀辊

（a）弯刀　　　（b）凿形刀　　　（c）直角刀

图3-8　旋耕机刀片

弯刀刃口由曲线构成，有滑切作用，切割能力强，不易缠草，有较强的松土和抛翻能力，在我国应用较广。弯刀有左弯和右弯之分，在刀轴上搭配安装。

凿形刀的正面为较窄的凿形刃口，入土性能好、阻力小，适用于土质较硬、杂草较少的工作条件。凿形刀在潮湿黏重土壤中耕作时，漏耕严重，缠草堵泥。

直角刀正面及侧面都有刃口，呈直线形，弯曲部分近于直角。工作时，直角刀易产生缠草堵泥现象。直角刀的碎土能力较强，所需动力较大，适于旱田碎土用。

（4）挡土罩及拖板。

挡土罩制成弧形，安装在刀辊上方，挡住刀片抛起的土块，起到防护和进一步破碎土块的作用。

拖板的前端铰接在挡土罩上，后端用链条挂在悬挂架上，其离地高度可以调整。拖板的作用是增加碎土和平整地面的效果。

4. 旋耕机的工作过程

旋耕机工作时，刀片一方面由拖拉机动力输出轴驱动做旋转运动，一方面随拖拉机前进。刀片在前进和旋转过程中连续切削土壤，并将土块抛至后方，使其与挡土罩和拖板进行有力地碰撞，进而破碎后落到地面，并随即被拖板刮平，如图3-9所示。

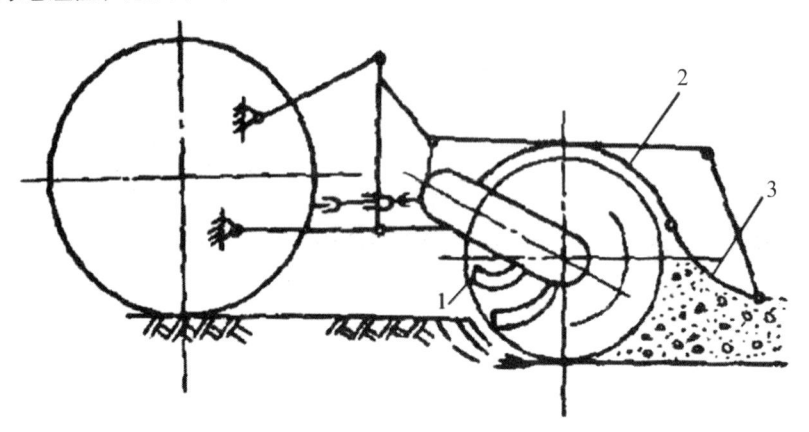

1—刀片；2—挡土罩；3—拖板。
图3-9 旋耕机的工作

（二）旋耕机的应用与调整

1. 万向节轴的安装

在悬挂式旋排机上，拖拉机的动力输出轴通过万向节轴与齿轮箱进行连接。当进行万向节轴安装时，应确保方轴与套管的夹叉在同一平面上，保证刀轴旋转均匀，如图3-10所示。

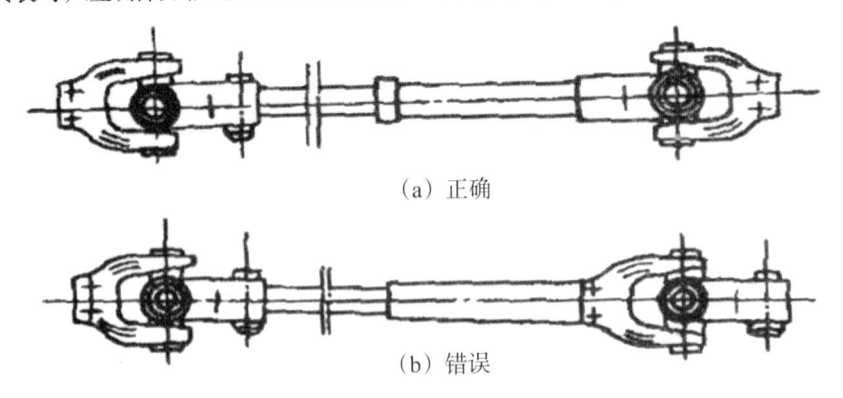

（a）正确

（b）错误

图3-10 万向节轴的安装

2. 刀片的安装

安装刀片时，应使刃口方向与旋转方向一致，以保证刃口切土。弯刀的安装应根据作业要求，恰当地配置左弯和右弯刀片，具体方法有外装法、内装法和交错装法，如图3-11所示。

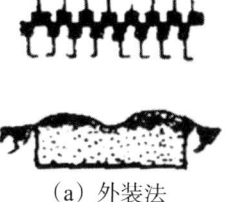

（a）外装法　　　（b）内装法　　　（c）交错装法

图3-11　旋耕机刀片的安装

（1）外装法。刀轴两端刀片向内弯，其余所有刀片都向外弯，刀轴所受轴向力对称，耕后地表中间凹下。外装法可用于拆畦或旋耕开沟作业。

（2）内装法。所有刀片都对称弯向中央，刀轴所受轴向力对称，耕后地表中间凸起。内装法适用于畦作，也可使机组在畦田上跨沟耕作，起到填沟作用。

（3）交错装法。刀轴两端刀片向内弯，其余刀片左右弯刀交错对称安装，耕后地表平整。交错装法适于水田耕作或旱田犁耕后的整地作业，也可用于旋耕灭茬作业。

3. 旋耕机的调整

（1）耕作深度调整。轮式拖拉机配备的旋耕机通常通过拖拉机的液压系统来控制耕深，部分机型还装有限深滑板以调整耕深。

（2）水平位置调整。悬挂式旋耕机的水平位置调整与悬挂犁类似，需要调整前、后水平位置，确保旋耕机运行时，万向节的夹角小于10°。

（3）提升高度调整。在传动状态下，如果旋耕机提升过高，会因万向节夹角过大而可能造成损坏，一般刀片应保持离地面15～20 cm。耕作前，应在液压操作杆上设定一个合理的提升高度限制。

（4）碎土性能调整。碎土效果受到机组前进速度和刀轴转速的影响。当刀轴转速固定时，增加前进速度会使土块变大，减少前进速度会使土块变小；当机组前进速度固定时，提高刀轴转速会使土块变小，降低刀轴转速则土块变大。某些旋耕机可以通过改变齿轮箱的传动比来调整刀轴的转速。此外，通过调整旋耕机的拖板高度，也可以改善碎土效果和地面平整性。

（三）旋耕机的保养与维修

（1）完成作业后，应立即检查刀片是否固定牢靠，并查验齿轮箱内的油位是否正常，同时检查刀轴和机罩是否有附着的杂草和油泥。

（2）旋耕机累计工作100 h后，除了每班的常规保养外，还需更换齿轮箱和传动箱内的齿轮油，检查刀片是否需要更换或维修，并确保链条张力适中。

（3）每个工作季结束时，除了进行常规保养，还应拆洗刀轴两端的轴承，检查油封是否需要替换，对所有刀片进行校准和磨刃，并涂抹黄油以进行保护，同时检查和维修罩壳的连接部件。

（4）如果旋耕机需要长时间停放，应彻底清理机身上的油泥并涂上防锈油，将机器存放在室内，并使用支撑杆固定；对外露的花键轴和齿轮涂抹油脂以防生锈。

（四）旋耕机的故障诊断与维修

旋耕机的故障诊断与维修，见表3-2。

表3-2 旋耕机的故障诊断与维修

故障种类	故障产生原因	故障排除方法
旋耕机负荷超重	耕深过大，土壤黏重、过硬引起	需减小耕深，降低机组前进速度与犁刀转速
旋耕机工作时跳动	土壤过硬，刀片的安装方式不合理	需减小机组前进速度与犁刀转速，并合理安装刀片
旋耕机频繁扔出大型土块	刀片严重磨损、变形、丢失或折断	需检修或更换新的刀片
旋耕后的地面不平整	机组前进速度与刀轴转速配合不协调	需调整机组前进速度与刀轴转速
犁刀变速箱出现异响	安装时掉入异物，或是轴承、齿轮牙齿有损坏	需将异物取出，或更换轴承、齿轮
旋耕机工作时出现敲击声	传动链条过松，工作时与传动箱体碰撞；犁刀轴两边刀片、左支臂或传动箱体变形后相互撞击；固定刀片的螺钉掉落	需调紧传动链条，检修或更换变形的零件，将掉落的螺钉拧紧
旋耕机犁刀轴无法转动	齿轮或轴承咬死；左支臂或传动箱体变形，犁刀轴变形；传动链条折断或犁刀轴被缠草、油泥堵住	需检修或更换变形、损坏的零件，清除缠草和油泥

第四节 圆盘耙的应用与维护技术

一、圆盘耙的种类

圆盘耙是一种以回转圆盘破碎土壤的整地机械，主要用于旱田犁耕后的碎土整地作业。由于圆盘耙片能切断草根和作物残株，搅动和翻转表土，故圆盘耙也可用于除草、混肥或浅耕灭茬等作业。

（一）根据机重与耙片直径分类

根据机重与耙片直径分类，圆盘耙有重型圆盘耙、中型圆盘耙和轻型圆盘耙三种，其主要结构参数及性能见表3-3。

表3-3　圆盘耙的类型与参数

类型	轻型圆盘耙	中型圆盘耙	重型圆盘耙
单片机重/kg	15～25	20～45	50～65
耙片直径/mm	460	560	660
耙深/cm	10	14	18
适应范围	用于轻壤土的耕后耙地，播前松土，也可用于灭茬作业	用于黏壤土的耕后耙地，也可用于一般壤土的灭茬作业	用于开荒地、沼用地和黏重土壤的耕后耙地，也可用于黏壤土的以耙代耕

（二）根据与拖拉机的挂接方式分类

根据与拖拉机的挂接方式分类，圆盘耙有牵引式圆盘耙、悬挂式圆盘耙和半悬挂式圆盘耙三种。

（1）牵引式圆盘耙。重型圆盘耙比较笨重，多为牵引式。中型和轻型圆盘耙也有牵引式，以便于实现多台联合作业。牵引式圆盘耙的机组地头转弯半径大，运输不方便，适用于大地块作业。

（2）悬挂式圆盘耙。悬挂式圆盘耙多为中型和轻型圆盘耙。悬挂式圆盘耙的机组紧凑，操作方便，运输灵活。

（3）半悬挂式圆盘耙。半悬挂式圆盘耙的特点介于牵引式和悬挂式之间。

（三）根据耙组的配置方式分类

根据耙组的配置方式，圆盘耙有对置式圆盘耙、交错式圆盘耙和偏置式圆盘耙等多种，如图3-12所示。

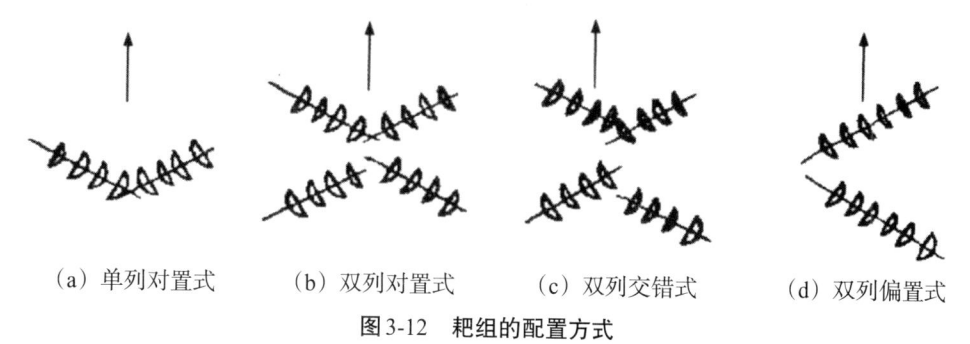

（a）单列对置式　（b）双列对置式　（c）双列交错式　（d）双列偏置式

图3-12　耙组的配置方式

（1）对置式圆盘耙。对置式圆盘耙的左右耙组相互对称，侧向力互相平衡，偏角调节方便，作业时可以左右转弯。对置式圆盘耙的缺点是双列对置式圆盘耙耙后中间会有未耙的土埂，双侧有沟。

（2）交错式圆盘耙。交错式圆盘耙是对置式圆盘耙的一种变形，每列左、右两耙组交错配置，避免了中间漏耙留埂的问题。

（3）偏置式圆盘耙。偏置式圆盘耙包括一组右翻耙片和一组左翻耙片，前后布置配合作业。偏置式圆盘耙的优点是结构比较简单，耙后地表平整，不留沟埂；偏置式圆盘耙的缺点是牵引线偏离耙组中心线，侧向力不易平衡，调整困难，作业时只适合单向转弯。

二、圆盘耙的构造与工作原理

（一）圆盘耙的构造

圆盘耙一般由耙组、耙架、角度调节器、牵引或悬挂装置等部分组成，有的牵引耙上还装有运输轮，如图3-13和图3-14所示。

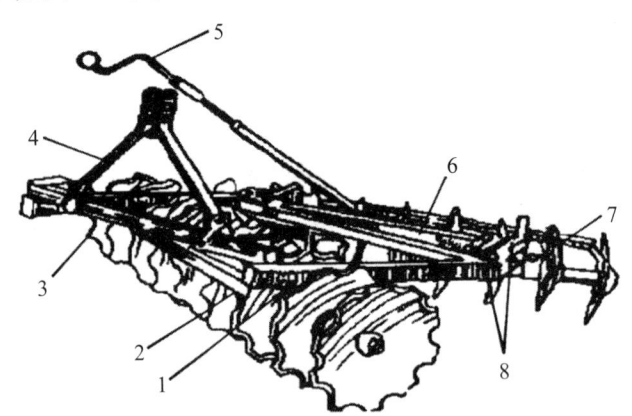

1—前耙架；2—前耙组；3—前梁；4—悬挂架；5—水平调节丝杠；
6—后耙架；7—后刮土器；8—上、下调节板

图3-13 圆盘耙（第一种）

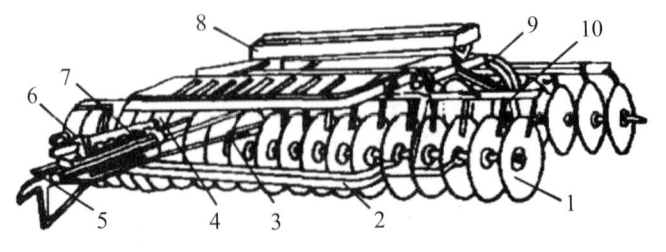

1—耙组；2—前列拉杆；3—后列拉杆；4—主梁；5—牵引钩
6—卡子；7—齿板；8—加重箱；9—耙架；10—刮土器

图3-14 圆盘耙（第二种）

（1）耙组。耙组由装在方轴上的若干耙片组成，如图3-15所示。耙片间用间管隔开，轴端用垫铁和螺母紧固，通过轴承和轴承支板安装在横梁上。为清除耙片上黏附的泥土，在横梁上装有刮土铲。

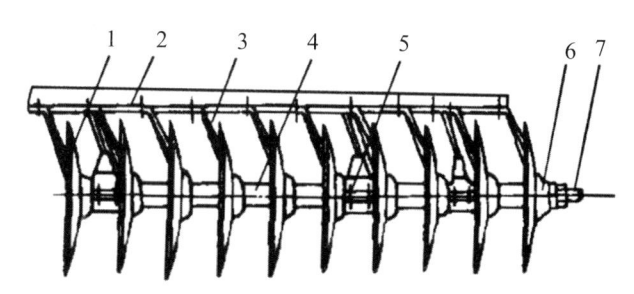

1—耙片；2—横梁；3—刮土器；4—间管；5—轴承；6—外垫铁；7—方轴。

图3-15 耙组

①耙片。耙片是一个球面圆盘，中心有方孔，凸面周缘磨刃，以利于切割。按周缘形状不同，耙片可分为全缘式和缺口式两种，如图3-16所示。缺口式耙片入土和切土能力较强，适用于黏重土壤。

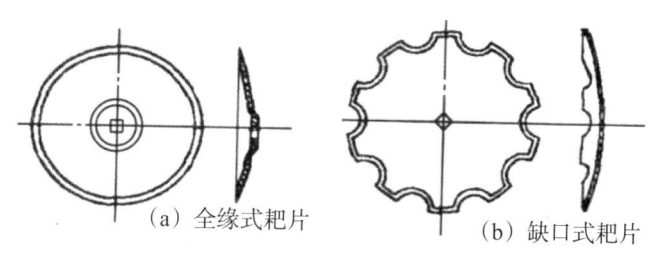

（a）全缘式耙片　　（b）缺口式耙片

图3-16 耙片

②间管。间管有普通间管和轴承间管两种。有的间管两端大小不等，安装时大头与耙片凸面相接，小头与四面相接。轴承间管用来安装轴承。

③轴承。轴承有塑料滑动轴承和滚动轴承两种。塑料滑动轴承体积小、密封好、耗油少，更换方便，用得较多。滚动轴承（图3-17）多采用外球面、内方孔、深滚道、多层密封的专用滚动轴承，它与轴承座为球面配合，能使轮定位，轴承内黄油每季节更换一次。

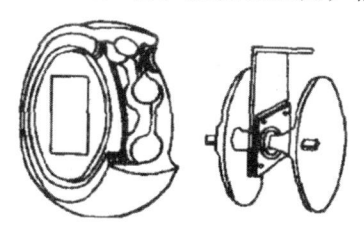

图3-17 滚动轴承

（2）耙架。耙架用来安装耙组、角度调节器和牵引（或悬挂）装置，有的耙架上还装有加重箱。耙架有挠性耙架和刚性耙架两种形式。挠性耙架对地形的适应性好，刚性耙架可保持耙组凸面端和凹面端耙深一致。

（3）角度调节器。圆盘耙工作时，耙片回转面与前进方向之间保持一定的夹角，称为偏角。角度调节器用于调节偏角大小，以适应耙深的需要。

角度调节器的形式有齿板式、插销式、压板式和液压式等多种，结构都很简单，操作也比较方便。总的调节原则是改变耙组横梁相对耙架的连接位置，从而改变偏角大小。

图3-18为牵引耙齿板式角度调节器，由齿板，上、下滑板，托架和前、后拉杆等组成。

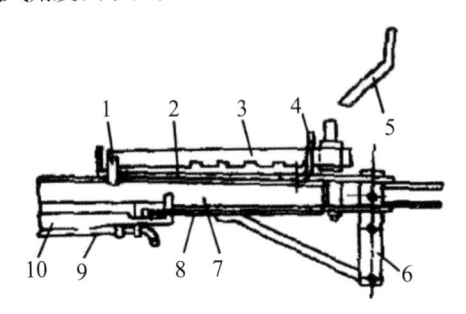

1—托板；2—上滑板；3—齿板；4—托架；5—手杆；
6—牵引架；7—梁；8—下滑板；9—后拉杆；10—前拉杆。
图3-18 牵引耙齿板式角度调节器

上、下滑板与牵引架固定在一起，并能沿主梁移动。移动范围受齿板末端限制。利用手杆抬起齿板，并向前移动齿板至相应的缺口卡在托架上固定，然后向前开动拖拉机，牵引架带动滑板在主梁上前移，直到上滑板后端上弯部分碰到齿板为止。与此同时，滑板通过左、右前拉杆和后拉杆带动耙组相对机架摆转，偏角增大，如图3-19所示。如需调小偏角，应通过拖拉机后退，使滑板在主梁上后移，然后将齿扳后移定位。

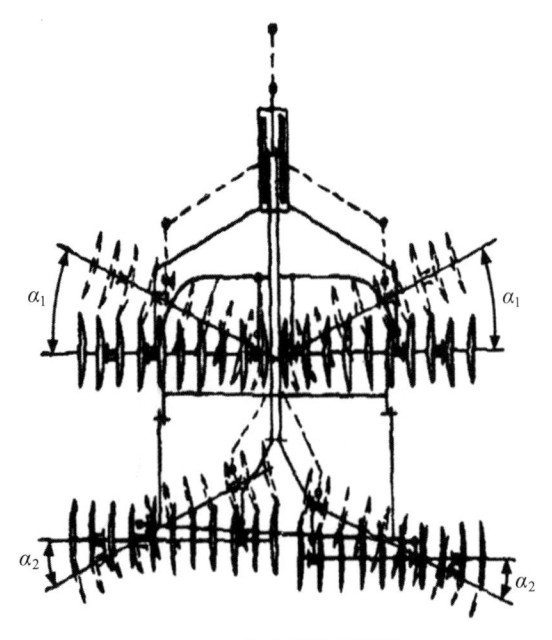

图3-19 偏角调节示意图

（二）圆盘耙的工作原理

在圆盘耙作业中，耙片的回转面与地面保持垂直，并与前进方向形成一个偏角α。耙片通过滚动方式前进，在土壤阻力和重力的作用下，切入土壤并实现一定的耕作深度。耙片的运动（图3-20）可分为两个阶段：①从A点到B点的纯滚动阶段；②从B点到C点的侧向移动阶段。在纯滚动阶段，耙片能有效切碎土块和切断草根；在侧向移动阶段，则能推动土壤和铲除杂草，并使土壤沿着耙片的凹面上升和下落，进而达到碎土、翻土和覆盖等效果。当偏角α增大时，侧移段BC将会加长，从而增强对土壤的作用力，使得耙深加深；当减小偏角α时，则耙深变浅。因此，圆盘耙普遍采用改变偏角的方法来调节耙深。

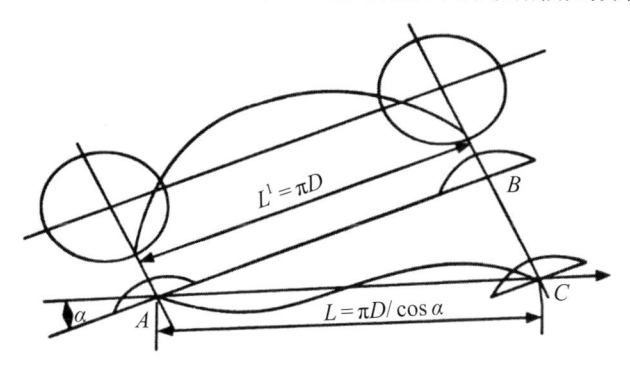

图3-20　耙片的运动

三、圆盘耙的保养

圆盘耙每班的保养可以同拖拉机技术保养一起完成。

（1）清理干净圆盘上面的缠草和泥块。

（2）检查轴端螺母和各部分螺丝是否松动，确保锁片正确折向螺母一侧。

（3）检查轴承端盖螺母是否有松动现象，调整轴承的径向间隙到合适的大小，确保耙组能够灵活旋转。

（4）审查角度调节器和升降器的丝杆，评估丝杆的灵活性和是否有变形，同时检查刮土板是否遗失，并确保刮土板与耙片之间的间隙维持在3～8 mm。

（5）检查耙架是否有破损，机架是否出现开焊或变形，后耙组的托轮架铁、外垫铁、加重箱及加重块等部件是否有裂痕。

（6）耙组轴承需每班加注一次黄油，加油量应确保从轴承两端溢出为标准。

（7）检查耙组的技术状况，保持耙片边缘在同一直线上，偏差需小于5 mm；耙片间距相等，偏差应小于8 mm；并确保每个耙片的刃口保持平行，最大不平度不超过10 mm。

（8）运输轮、手摇千斤顶、后耙组垫铁、滚轮及其拉杆、吊杆的各垫片和开口销都必须完好无损。

四、圆盘耙的故障诊断与维修

圆盘耙的主要故障是耙片磨钝、耙片不入土、耙片堵塞、耙后地表不平、作业时阻力过大等。维修方法是在车床上切削磨钝的耙片，应增加耙组偏角；增加附加重量，重新磨刃或更换耙片，清除堵塞物，减速作业。

第五节　组合式联合整地机的应用与维护技术

组合式联合整地机是与大、中型马力拖拉机配套的整地作业机械。组合式联合整地机将缺口耙组、圆盘耙组和平地齿板、螺旋碎土辊、镇压辊等有机地结合在一起，可以一次性完成碎土、松土、混合土肥、平整和镇压等工序，种床平整、上实下虚，适合农作物生长。组合式联合整地机主要用于土壤犁耕后的二次耕整作业和种床准备。

一、组合式联合整地机的结构

组合式联合整地机主要包括圆盘耙、缺口耙、平地齿板、碎土辊、镇压辊等，如图3-21所示。

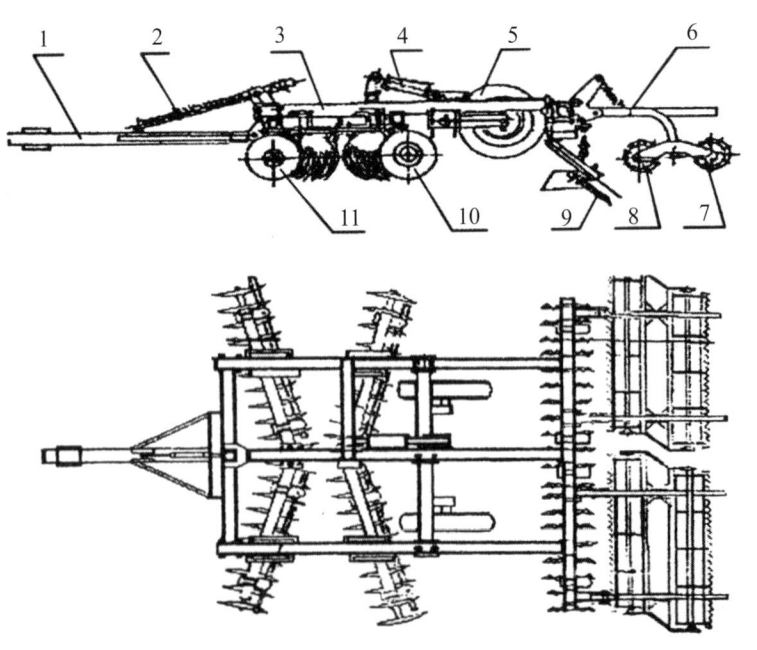

1—牵引架；2—调节丝杠；3—机架；4—油缸；5—地轮；
6—支架；7—镇压辊；8—碎土辊；9—平地齿板；10—圆盘耙；11—缺口耙。

图3-21　联合整地机结构示意图

二、组合式联合整地机的工作原理

组合式联合整地机在作业过程中,缺口耙组和圆盘耙组负责土壤的松动和破碎,随后平地齿板将土壤进行平整、破碎和压实,后续的碎土辊对土壤进行进一步破碎,镇压辊负责镇压,并使抛起的细小土粒落在地表上,防止地下水蒸发,整出上实下虚的良好种床。

组合式联合整地机的纵向和横向可随地仿形,工作深度为 0～12 cm,由液压升降油缸和行走机构控制。

工作时,连接联合整地机与配套动力,并接通液压管路和液压油缸。根据不同的土壤情况调整耙组的偏角并拧紧紧固螺栓,工作时将地轮全部升起,使联合整地机的工作部件与地面充分接触。

运输时,则将耙组升起离开地面,并用锁圈将液压油缸锁紧,以防耙组突然下落。

三、组合式联合整地机的特点

(1) 组合式联合整地机的多个工作部件协同作用,联合作业可以一次性完成松土、碎土、平整和镇压等多个步骤,形成上层实底、下层松散的优质种床,具备良好的蓄水和保墒功能。

(2) 无论是春灌地、冬灌地还是新翻耕地,组合式联合整地机都能展现出其卓越的碎土和平整能力,完成高质量的地面整治工作。

(3) 组合式联合整地机的作业效率非常高,仅1～2次就能达到使用轻型圆盘耙、钉齿耙、平土框和镇压器3～4次作业的效果。

(4) 组合式联合整地机采用胶轮运输和限深作业的方式,通过液压控制,安全快速,显著减少了非作业时间,提高了作业效率。

四、组合式联合整地机的调整

由于各地农业技术要求不同,土壤情况也不同,为了满足不同地区的需要并保证良好的作业质量,组合式联合整地机应进行以下几个方面的调整。

(一) 整机在纵垂面内的调整

在机具作业过程中,需要确保机架与地面保持平行,前、后列耙组的耙深一致。若存在前部较高、后部较低的情况,应缩短调节丝杆的有效长度;反之,则需增长丝杆的有效长度。调整完成后,要确保耙片及碎土辊与地面的高度一致,使得作业时机架平行于地面。

（二）圆盘耙组的调整

根据不同地区的土壤情况及耙深要求，可调整耙组使用的角度。角度较大时，圆片的入土深度增加；角度较小时，则入土浅。常用的耙组偏角为4°～13°。

圆盘耙组的调整步骤包括：首先松开耙组紧固螺栓，调整耙组横梁至合适角度，再拧紧螺栓；然后松开刮泥刀紧固螺栓，调整刮泥刀刃口与耙片凹面间隙至3～5 mm；最后拧紧刮泥刀螺栓。

（三）平地齿板的调整

通过调整调节拉杆的长度，确保平地齿板角钢的下平面与地面之间的距离控制在2～3 cm；同时调节耙齿的长度，使其耕作深度保持为6～10 cm。这样的设置既可以保证土壤的平整效果，又能够达到预期的耕深，以适应不同的土地处理需求。

（四）碎土辊的调整

碎土辊悬臂上的压力弹簧可通过螺栓上的螺母位置调整来改变其长度，从而改变碎土辊对地面的接地压力。

碎土辊的调整步骤包括：首先升起液压，使机器进入运输状态；然后调整调节丝杆的有效长度，缩短时增加碎土辊对地面的压力，延长则减小压力。

五、组合式联合整地机的保养

为保证组合式联合整地机正常工作并且延长其使用寿命，保养是必需的。保养内容（对组合式联合整地机进行调整、维修、保养前，应关闭发动机，取出点火钥匙）如下：

(1) 运行几小时后，应检查所有螺栓和螺母，确保没有松动的迹象。

(2) 每次班次作业完成后，要检查各部位的紧固件是否有松动，如发现松动，应立即拧紧。

(3) 每班作业后，还需要检查所有工作部件是否有损坏或变形，如存在这些问题，应及时进行更换或维修。

(4) 每两班作业后，应在行走轮转轴处的轴承加注一次润滑脂，而耙组的轴承则需要在每班作业完成后加注一次。

(5) 定期检查行走轮的气压，确保气压充足。若气压不足，应及时进行充气。

(6) 经常保持液压件表面清洁。

(7) 每天消除组合式联合整地机上泥沙、杂物，以防锈蚀。

(8) 液压系统如果出现渗油或漏油的情况，需要立即查寻原因并及时修好。

当一个作业季节结束后，推荐保养联合整地机，以便于下一个作业季节使用，保养内容如下。

（1）把机器置于停放位置。

（2）彻底清洗机器，去除泥土和杂物，并进行涂油防锈工作。

（3）清洗、润滑各转动部位的轴承及螺栓。

（4）将液压元件卸下，保养后用干净布包扎好所有接口处，置清洁干燥处存放。

（5）放松各部位的弹簧，使其呈自由状态。

（6）组合式联合整地机长期存放时，不要相互叠压。

（7）对油漆剥落处和生锈的地方重新刷漆，避免其扩展。

（8）检查机器部件变形、磨损、缺件、损坏等情况，并及时采购配件进行更换，以保证来年工作顺利开展。

（9）将机器存放在库房内，防日晒、防雨淋，最好是罩上棚盖。

（10）露天存放时应停放在平坦、干燥的场地，用支架把主梁架起来，使行走轮不承受负荷。

六、组合式联合整理机的常见故障及排除方法

组合式联合整地机的常见故障及排除方法，见表3-4。

表3-4　组合式联合整地机的常见故障及排除方法

故障现象	原因分析	排除办法
马力不足	作业深度太深	通过碎土辊调整作业深度
		设置满足需要的作业深度即可，无须更深
	前进速度太快	降低前进速度
	前后横挡杆的设置不正确	抬高或去掉横挡杆，尤其是后挡杆
作业后地表过于粗糙	前进速度过快	减小前进速度
	土壤中农作物的残留物过大	清理农作物的残留物
	缺少横挡杆	安装横挡杆，尤其是后挡杆
作业后地表过细	前进速度太慢	提高前进速度
耙片黏土严重	土壤湿度太大	晾晒土地
	刮土刀距耙片凹面的间隙太大	调整刮土刀与耙片的间隙
耙组轴承转动不灵活，工作不正确	轴承支臂安装不正确	松开轴承支臂固定螺栓，调整其安装位置
	方轴螺母松动	拧紧方轴螺母
机具前后耙深不同，碎土辊接地压力过小	机架前低后高，无法与地面平行	调节机具前端的调节丝杆，保证机架可以与地面平行

第六节　动力式联合整地机的应用与维护技术

动力式联合整地机是配套大中型拖拉机进行复式作业的一种机械。动力式联合整地机的一次作业可同时完成灭茬、旋耕、深松、起垄、镇压等多个环节，工作效率极高。

一、动力式联合整地机的结构

动力式联合整地机的结构主要包括机架、柴油发动机、减速箱、变速箱、行走限深轮总成、油门控制系统、液压升降油缸、灭茬刀轴总成、旋耕刀轴总成、起垄铧等，如图3-22所示。

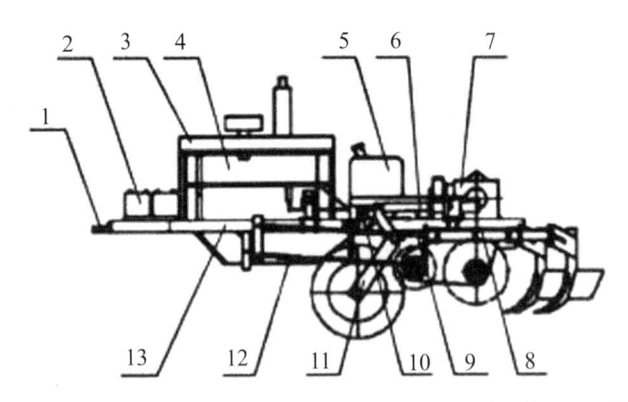

1—牵引架；2—油门控制系统；3—发动机盖；4—柴油发动机；5—减速箱；6—升降油缸；7—变速箱；8—起垄铧；9—灭茬刀轴总成；10—液压升降油缸；11—旋耕刀轴总成；12—行走限深轮总成；13—机架。

图3-22　动力式联合整地机结构示意图

二、动力式联合整地机的工作原理

拖拉机在牵引机具作业中承担了推进和起垄的任务，且机具自身的柴油发动机则负责灭茬和旋耕。动力传递的具体过程是：首先通过万向传动轴将动力传递到减速变速箱，再由此传入旋耕变速箱，驱动旋耕刀轴开展作业。在旋耕变速箱内，动力分流一部分至灭茬变速箱，从而实现灭茬作业。这一动力分配和传递的具体过程在图3-23中有详细展示。这样的设计配置使得该机具能够首先进行垄台根茬的粉碎灭茬，继而执行旋耕作业、垄沟深松作业、起垄以及镇压作业，实现一站式多功能地块处理。这种高效的作业方式不仅大幅节省了作业时间，还显著提升了农作物的种植效率和土地的使用率。

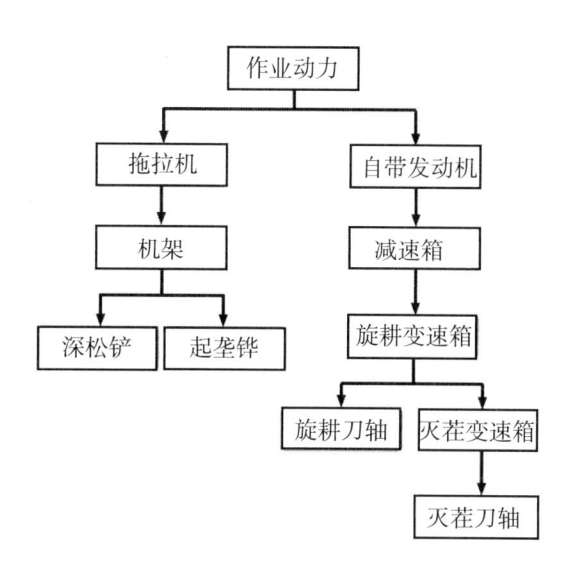

图 3-23 动力分配传递路线示意图

（1）作业前，需仔细检查设备各部件的螺栓是否松动，刀片是否安装正确，如有任何问题应立即处理。

（2）为主减速箱和链条部位加注齿轮油，并在万向节及各轴承座中注入润滑脂，确保机器运转顺畅。

（3）拖拉机与动力式联合整地机之间通过标准的三点式连接结构连接。安装万向节时，应确保拖拉机的动力输出轴与联合整地机输入轴上的万向节夹叉口对齐在同一平面上。对于履带式拖拉机，还需要额外安装动力输出轴的保护装置。

（4）在停车状态下，将拖拉机的油门从小到大各运行半小时，进行空载运转，检查机器各部件是否存在过热、漏油或异响等异常情况，确保一切正常后再开始作业。

（5）正式作业前，应调整拖拉机悬挂机构的左右提升臂、中央拉杆及拉链，确保整体水平稳定（以中央主减速箱上盖水平为准），避免设备左右摇摆，并调整起垄部件以确保起垄犁正确入土，形成理想的垄形。

（6）起步前，先接通动力输出轴，随着拖拉机的起步，操作液压手柄使农具逐步深入土壤，同时逐渐加大油门，直至达到预设的耕作深度。根据不同的拖拉机型号和作业地块的实际情况，选择适宜的作业速度。

（7）定期对机具进行保养，及时进行润滑和更换损坏的零件，确保所有螺栓紧固，以维持设备的最佳工作状态。

三、动力式联合整地机的常见故障及防范措施

动力式联合整地机结构比较复杂，常见故障及防范措施见表3-5。

表 3-5　动力式联合整地机的常见故障及防范措施

故障类型	产生故障的原因	防范故障的措施
旋耕刀片折断或弯曲变形	①旋耕刀片碰撞到石头或树根等较硬的东西；②机具下降时速度较快，与硬质地面发生碰撞；③刀片本身质量较差	①机具作业前应先清理农田的石头，作业时应远离树根；②机具下降应控制好速度，不可过快；③购买合格的旋耕刀片
灭茬刀折断或弯曲变形	灭茬刀弯曲或折断的原因同旋耕刀折断或弯曲变形的原因一致；另外，作业时转弯过小，入土深度太大，也是灭茬刀损坏的重要原因	①采用与防止旋耕刀弯曲和折断相同的防范措施；②转弯时要将联合整地机升高；③灭茬刀入土要浅，在5~6 cm范围内
旋耕刀座破损	①旋耕刀与石头强烈碰撞；②刀座焊接不坚固；③刀座本身质量较差	①焊接时应注意刀座的排列规律，焊接完成后需仔细检查焊接质量，防止虚焊；②购买正规厂家的合格刀座
轴承破损	①齿轮箱内齿轮油太少，轴承因缺少润滑油而损坏；②轴承本身质量较差	①按时检查齿轮箱的齿轮油储量，防止漏油，并及时更换损坏的油封和纸垫；②及时加注黄油，购买正规厂家生产的合格轴承；③当动力式联合整地机作业规定时间后，必须根据说明书及时调整各种锥轴承的间隙
齿轮损坏	①轴承残体进入齿轮辐会导致直齿轮损坏，也有可能是齿轮质量差所致；②间隙调整不当导致锥齿轮早期磨损	①机具需要在使用一定时间后按照说明书对锥齿轮间隙进行调节；②及时检查齿轮箱润滑油储量，防止因润滑油缺少而造成轴承损坏，如有必要更换齿轮时，要购买正规厂家的合格产品
齿轮箱体损坏	①轴承损坏后，其残体进入齿轮辐而导致齿轮箱破裂；②齿轮箱与田间石头或某些混凝土标志物发生强烈碰撞而损坏	①及时检查齿轮箱润滑油的储量，防止因润滑油缺少造成轴承损坏；②远离农田里的障碍物
旋耕刀轴两侧轴承座损坏	①旋耕刀刀轴接头法兰盘螺丝发生松动；②花键套严重磨损，间隙过大；③主齿轮箱4个固定螺栓发生松动	①及时检查和紧固各种螺栓；②主齿轮箱的固定螺栓必须采用高标号螺栓，用双螺帽锁紧，防止松动
万向节十字轴损坏	①动力输出轴与动力式联合整地机的连接倾角过大；②十字轴缺油；③动力式联合整地机入土作业时，拖拉机加油过快；④十字轴左右摆动幅度过大	①作业时需时刻注意十字轴的温度变化，并且要每4小时加注一次黄油；②适当调整动力输出轴与联合整地机的连接倾角，当倾角偏大时，降低后边的旋耕部分，使联合整地机作业时前部抬头；③将左右调节链调好后锁上；④联合整地机刚入土时，需缓慢加入油门
灭茬刀轴、旋耕刀轴转动不灵或不转动	①刀轴缠绕杂物；②锥齿轮、锥轴承没有间隙卡死；③轴承损坏后其残体卡入齿轮啮合面，使齿轮不能转动；④刀轴受力过大后变形，导致轴承不同心	①避免刀轴缠绕杂物；②及时调整锥齿轮、锥轴承间隙；③防止轴承损坏后的残体卡入齿轮啮合面；④避免刀轴受力过大，保持轴承同心；⑤入地工作时，必须检查并排除灭茬刀轴、旋耕刀轴转动不灵或不转动的情况，以防止造成裂箱、断轴等严重事故

第四章　播种机械的应用与维护技术

播种机械是指将确定数量的作物种子按照栽培农艺要求的位置（深度、行距、株距或均匀条播）播入土壤的机械，如谷物条播机、玉米穴播机、棉花播种机、牧草撒播机等。

第一节　播种机概述

一、播种机的类型

（一）根据播种方法分类

根据播种方法分类，播种机可分为条播机、撒播机、点（穴）播机（也称精密量播种机）等。

（二）根据播种作物品种分类

根据播种作物品种分类，播种机可分为谷物播种机、棉花播种机、蔬菜播种机等。

（三）根据播种方式分类

根据播种方式分类，播种机可分为垄作播种机、平作播种机等。

（四）根据播种机原理分类

根据播种机原理分类，播种机可分为机械式播种机、气力式播种机等。

（五）根据所用动力分类

根据所用动力不同，播种机可分为人力播种机、蓄力播种机和机力播种机等。

从我国目前情况来看，机械式播种机主导地位；气力式播种机广泛应用，且发展很快。气力式播种机的播种效果好，不伤种子，对种子的形状、大小要求不严，通用性好，田间作业速度较快，因此，精密量播种机多采用气力式。近年来，免耕施肥旋耕播种技术广泛应用，可以直接在未耕翻的原茬地里进行播种，是保护性耕作中一项关键的农业栽培新技术。其优势是免耕施肥旋播机与其配套进行联合作业，多为条播和穴播，目前在我国应用广泛。

二、播种机的基本组成

不同的农作物使用的播种机也不同，但是除了排种器和开沟器的类型不同之外，其他结构基本都由机架、牵引或悬挂装置、种子箱、排种器、传动装置、输种管、开沟器、划行器、行走轮和覆土镇压装置等构成。播种机最重要的部分是排种装置和开沟器，会影响播种质量。常用的排种器类型包括槽轮式、离心式、磨盘式等，常用的开沟器类型包括锄铲式、靴式、滑刀式、单圆盘式和双圆盘式等。

三、机械播种作业的农业技术要求

播种机作业是农业生产中关键作业环节，也是农业增产的基础，所以播种机械必须满足以下六个农业技术要求。

（1）适时播种。以农作物的品种、环境温度、墒情为依据来决定播种期，并在较短的播种农时内，将种子播到田地里。适时播种可以保证种子从发芽、出苗到成熟的整个过程中能够获得有利的气候条件，为全苗壮苗、植株的正常生长和适时成熟打下坚实的基础。机械播种效率高，能满足大面积农田适时播种的要求。

（2）播种量、施肥量准确可靠，下种均匀。以种子发芽率和生产实践经验来确定实际播种量，且实际播种量与规定播种量的偏差（少于或大于）不可超过5%。

（3）稳定的播种深度。要以农作物的品种、墒情和土质等各个条件为依据来确定播种深度。播种的同时深施化肥，且施肥均匀。

（4）播行端正，垄形要直，行距一致，株距均匀。

（5）种子无机械损伤，地头整齐，不漏播或重播。

（6）镇压保墒。根据具体情况适当镇压，达到地表覆土严密。

第二节　小麦免耕施肥旋播机的应用与维护

小麦免耕施肥旋播机与传统的播种机不同，它可以在一次作业过程中完成旋耕灭茬、开沟、化肥深施、播种、覆土、镇压保墒、喷洒农药等多个工序，有节约成本、提高作业效率和化肥利用率、防止沙尘暴、减少水土流失、增加粮食产量等优点。小麦免耕施肥旋播机种类较多，下面以常用的亚澳免耕施肥旋播机为例对其应用、调整等做介绍。

一、小麦免耕施肥旋播机的组成

小麦免耕施肥旋播机一般包括旋耕机组和种肥分施机组。

旋耕机组主要包括刀轴、刀片、刀座以及前后筑埂器等部件。在作业过程中，动力通过旋耕机的工作部件驱动，使刀轴上的刀片旋转并前进，复合运动有效切碎土壤，其碎土效率远高于传统的犁耕。旋耕后的土壤适宜于旱耕和水耕，也适用于盐碱地的浅层耕作，有助于抑制盐分上升，同时实现灭茬、除草和翻压覆盖的作用。

种肥分施机组包含种肥箱体、分施圆盘、主梁、开沟器、滚筒、地轮、覆土器和镇压器等部件。种肥分施机组通常配置在旋耕机的后方，并以前后排列的方式进行布局。种肥箱与开沟器之间是通过塑料软管连接的。在进行作业时，动力输出轴通过齿轮箱传递动力，驱动刀轴旋转以进行旋耕作业。旋耕机的前端配备了起埂器，用于将土地抚平，随后刮土板会进一步平整土面，紧接着由软起埂器进行二次起埂。地轮则通过传动机构驱动种肥机构开始工作，结合开沟器通过导种管和导肥管完成播种和施肥过程，并完成覆土与镇压的多个工序，实现高效的种植和施肥一体化操作。

二、小麦免耕施肥旋播机的工作过程

在拖拉机带动小麦免耕施肥旋播机进行作业的过程中，拖拉机通过进传动轴将动力传递给免耕施肥旋播机的中间变速箱。这个过程中，左、右的刀轴被带动旋转，进行旋切作业。当刀具与地面接触时，前部的旋耕刀切断地表的部分秸秆或根茬，并将其翻入土中，进行条带状的旋耕。

在旋耕过程后面，施肥和播种的开沟器工作，将切断的秸秆和根茬推向两侧，为种子和化肥的下放创造空间。此时，后部的限深镇压轮（辊）通过与地面的摩擦自重转动，通过链条传动机构带动排种和排肥机构，将种子和化肥通过输种管和输肥管分别送入开沟器，让它们准确落入已经形成的沟槽中（化肥通常置于稍深的位置）。

最后，镇压轮（辊）紧跟着将沟槽内的松土压实，确保种子和化肥与土壤有良好的接触，促进种子的发芽和化肥的吸收。部分免耕施肥旋播机还配备有农药喷洒装置，可以在播种的同时进行地表的均匀喷洒，进一步提高作业效率和作物生长条件，完成免耕施肥播种的全过程。

三、小麦免耕施肥旋播机与拖拉机的挂接

(一) 安装挂接

小麦免耕施肥旋播机配套动力一般为50马力（1马力≈735 W）以上拖拉机与拖拉机挂接为三点悬挂。

(1) 将旋播机垫起（平）按万向节花键尺寸把方套端方轴分别装入拖拉机和机具的相对轴上，上好销。

(2) 倒退拖拉机，将其对准机具悬挂架中间，继续倒车至万向节方套与方轴装入，再至机具左、右悬挂销进行连接。需要注意的是，万向节中间夹叉必须装在同一平面内。

(3) 将左、右下拉杆安装好，并上好插销。

(4) 将中央拉杆安装好，并上好插销。

(二) 悬挂连接后的水平调整

1. 调整机具前后水平

用中央拉杆放长或缩短来实现，达到中间箱体上面水平，万向节夹角在工作状态不大于10°。

2. 调整机具左、右水平

机具左、右水平的调节是通过左、右两个斜拉杆的放长或缩短来实现，使机具保持左、右水平，达到机具刀轴水平。

3. 调整机具左、右摆动量

机具左、右摆动量的调整是通过左、右限拉链或拉杆的放长或缩短来实现，达到机具刀轴和拖拉机输出轴目视安全完全对正，但需要左、右摆动间隙3～5 cm。

四、小麦免耕施肥旋播机的正确应用与调整

在根据种植需求设定播种量、施肥量及种肥播施深度时，首先要检查每排种器和排肥器的工作长度，确保每一行的长度保持一致。根据播种量的具体要求，调整每排种器和排肥器的调节手轮，直至达到预定的位置，然后固定手轮螺母以锁定设置。同时，为满足播施深度的要求，需要调整每行种肥开沟器的上、下位置，确保所有行的播种和施肥深度均匀一致，以保证作物生长的均衡和施肥的效果。

(一) 牢记免耕施肥播种"四要素"

免耕施肥播种"四要素"包括播深、播量、施肥量及种子与化肥的间距，免耕施肥旋播机是否调整恰当会直接影响小麦播种质量和粮食的产量。所以，在小麦免耕施肥旋

播机使用调整时，要根据当地农艺要求，按照说明书仔细调整好方可进行作业，播种时要严格按照"四要素"的要求播种。

（二）拖拉机起步

旋播机刀尖距离地面15 cm，结合动力输出，挂上工作挡位，目视前方，缓慢地松开离合器踏板，随之加大油门，待发动机转速达到额定转速后，开始控制液压调节手柄，使机具慢慢入土，直至前后仿行轮与地面接触达到正常耕深为止，此时液压手柄置于降落位置。

（三）机具提升高度定位

机具在使用前必须做提升高度控制，一般拖拉机用液压手柄固定盘上的限位挡块的前后移动来完成（各种拖拉机结构不同，要求万向节传动轴在工作状态时夹角不得大于±10°，提升高度定位，使其夹角不得大于25°，故地头转弯时提升刀尖，使其离地15～20 cm，转移地块或路上运输时需切断动力，松开限位挡块，可提升得更高些）。

（四）耕深调整

在学习掌握耕深调整前，有必要掌握液压系统的正确使用：一般来说，配置在拖拉机上的液压系统按作用分单作用式、双作用式、全作用式等3种。单作用式液压只有一个功能，只能将机具提高到最大高度，不能在液压臂工作行程范围内（上、下）中间某一位置停顿，下降位靠机具重量下降至液压臂工作行程最下点；双作用式液压系统除了有单作用式液压的功能外，机具高度可以控制在液压工作行程范围内任一位置工作；全作用式液压系统有4个工作功能，即提升、中立、浮动、压降。全作用式液压系统中的压降位置是将机具强制性下压，它用于挖掘、推土机作业，旋耕机禁止使用该功能。中立位置是将机具同拖拉机强制性成为一体（用于推土作业），使机具不能随地表不平而上、下浮动，该位置旋耕作业禁止使用。旋耕作业应处在浮动位置工作。

（五）旋耕深度

1. 不带仿形轮的旋耕机

（1）用拖拉机下左、右拖板调整丝调好机具左、右水平。

（2）用液压操纵手柄调整好所需旋深后定位。具有双作用式液压系统的拖拉机是用液压手柄限位挡块限位；具有全作用式液压系统的拖拉机是用液压油缸活塞杆上的限位套限位的。

（3）若如用（2）调整达不到耕深要求时，则应放长拖拉机下左、右拖板调整螺丝达到。

(4) 旋深调好后，必须在机具工作时在侧位看机具是否前、后水平，如后边低，即缩短拉杆，前边低则放长拉杆，调整好前、后水平。如因调整前、后水平后，耕深受到较大影响的，则应重新调整好旋深后，再调整好前后水平，拧紧拉杆和螺母。当耕深超过 15 cm 时，机具必须是后边高些，以利出土。原则是耕深超 1 cm，后边高 1 cm，以此类推。

2. 带仿形轮旋耕机耕深的调整

(1) 先根据当地农艺要求，调整好仿形轮深度（左右相同）。需要注意设计是将仿形轮至最上边，使方套的上孔与方轴上最下孔相通插销为最深即 17.5 cm，方套两孔间距 2.5 cm，方轴两孔间距 5 cm。

(2) 将拖拉机液压手柄放在全浮动位置（不作限深定位）。

(3) 进地进行旋耕机前、后水平调整及耕深实际调试，其步骤如下：首先，看机具前、后水平是在机具工作时从侧位看；其次，机具后边低时则缩短中央拉杆至前、后水平后，拧紧螺母；最后，如遇前仿形轮不着地时，则应放长拖拉机左、右拖板的调整丝达到。耕深超过 15 cm 后，机具后边应比前边高些（一般耕深超 1 cm，后边比前边高 1 cm，以此类推）。

3. 不同地况播种时耕深的调整

(1) 茬地（硬地）播种应将后镇压辊调至 12.5 cm，前限深轮调至 12.5～15 cm 外。

(2) 地特黏或杂草禾秆特多时，后边应比前边高 5 cm，利于出土。

(3) 地质松软或经深翻后整地播种时，应按拖拉机轮压凹下 5 cm，即将机具前仿形轮调浅 5 cm。

(4) 玉米秆直立播种：前两仿形轮调到 15 cm 处，后镇压辊两边调到 12.5 cm 处。

以上四种方法调整后，中央拉杆挂接销调到条孔中间位置后应拧紧并母。需要注意中央拉杆挂接销的中间位置是指机具工作时前、后两轮着地后从机具侧位看的。

（六）播深调整

应在实地调试好耕深的基础上调整播深（施肥管和排种连接一体，种深调好，肥深即好）：①播小麦要求深度由耕播后地表向下测试为 3～6 cm；②播玉米耕深按要求调好后，将种管（种肥管）固定在槽钢（方钢）最深位置即可；③播深应根据土壤含水量大小定，含水量小则适当深点，反之浅点。播小麦常规是播种深度是随耕深的变化所变化的，所以耕深在 10 cm 以上的种管应比耕深大 10 cm 以下浅 2.5 cm，即耕深在 10 cm 以下者种管调在最深位置。

注意：查看播种深度时，应在机具进地正常工作 2 m 以后，在不提液压的前提下，停车分离动力，通过刨土查看种管高度。

（七）行距调整

小麦采用宽幅条播，行距不必调整：①免耕播小麦行距需调整为36~40 cm（有些农机员播小麦时将行距改为18~36 cm）；②播玉米时，由于各地行距差异较大，要进行调整，方法是移动种管或犁柱在方钢上的左、右位置，可达到所需行距，如还需更大行距可用减少播行的方法实现。

（八）镇压辊和拖板压力调整

镇压辊和拖板压力调整是用加压杆上的下弹簧座的上、下移动来调整，向上移动压力增大，反之则减小。要求拖平、压实，不能有较大的鱼鳞状，拖板不能有两边壅出土垄现象，在保证排种驱动正常情况下，土壤含水量大时压力减小点好，反之增大压力。

镇压轮与开沟器前后应对齐，所有开沟器应安装在同一高度。

（九）播种量调整

1. 双腔排种器的调整

先需要按照种子类别交换插盖排种室口，免耕施肥旋播机的排种器为双腔排种器，当小麦播种时，需要在玉米排种腔内插入插板，此时玉米排种腔关闭，小麦排种腔打开；当玉米播种时，需要在小麦排种腔内插入插板，此时小麦排种腔关闭，玉米排种腔打开。

2. 小麦播量的调整

转动种量调节手轮，使槽轮端面与种量尺某刻度对齐，加上要播的种子在闲地试验。用小袋接住种盒下种口，使机组达到正常工作状态，如1.8 m播种机前进3.7 m为1厘地（1厘地=6.67 m²），将小袋种子称量，即为实际1厘地面积的播量。按此方法，将槽轮每5 mm长度逐段进行槽轮全长测试，将测试结果记录在说明书表中，用时参考。如用药水搅拌的种子用此方法重新测试即可。

3. 玉米播量调整

（1）转动种量调节手轮，改变玉米槽轮的工作长度来调种量，如调整到最小种量还偏大或要求株距较大的地区，可将槽轮上的堵盘至关闭状态。

注意：堵盘移动后，必须拧紧两定位螺钉，否则损坏堵盘。

（2）在种子质量保证的基础上，将堵盘移最内的堵塞位置拧紧两定位螺钉，转动种量调节手轮，使槽轮的长度（空间）能放3粒种子即可拧紧螺母。

注意：种量在3 kg以内的只调整调节手轮即可。如需在3 kg以上者，再按种量大小移动堵盘（如需种量精确请用小麦测试方法测试）。

（十）施肥量的调整

按肥料大小不同，用播小麦的测试方法实际测试记录。

（十一）免重播的调整

当播种到下剩地块宽度不够一个来回时，如只能播12行小麦，是一台4/8播，应先用盖种板插盖4行种室口，播4行，返回来时，抽掉4个盖种板插，播8行，达到重耕而不重播。

（十二）播玉米状态的调整

（1）浅旋耕深开沟旋播机（全耕状态）。①换装上抗旱玉米开沟器和专用镇压辊；②将镇压辊调至10 cm位置；③旋耕深度调到5 cm左右即可；④后镇压轮必须与开沟器对正，否则易损坏镇压辊，还影响出苗。

（2）一个种肥管一侧装一把掏草刀。

（3）浅旋耕深开沟旋播机（条耕状态）。①按照当地行距和行数装上犁式开沟器；②对准开沟器装上条带耕作刀片，每组条带装6把刀，5把甩刀和一把掏草刀，即3个刀盘，中间刀盘与开沟器中心在前后方向对正，同时要求单行压轮与开沟器对正，三者在同一中心线上即可；③前仿形轮装到5 cm后镇压轮调至10 cm处。即镇压辊连接板的外圆孔与侧板上的外圆下孔连接。

注意：固定侧板设有大、小半径两个圆，每个圆周上设有两个孔，间距为5 cm，而内外两圆相邻孔距为2.5 cm。

（4）播玉米刀轴转速选择。根据前茬地表浮草多少而定，浮草多转速可选高一些。

五、小麦免耕施肥旋播机的安全使用注意事项

（1）使用前，应仔细阅读并熟悉使用说明书，了解小麦免耕施肥旋播机的结构、性能以及操作和调整方法。

（2）作业前，应检查所有连接部件的可靠性，检查是否有紧固件松动，转动部分是否运转自如，如遇到任何问题应立即解决，并依照说明书进行润滑；需检查旋耕刀和开沟器的位置关系，确保两者不会相撞；需对每个刀片和刀轴进行检查，确认其安装正确且质量良好，如有变形或损坏应及时进行修理或更换。

（3）连接拖拉机和小麦免耕施肥旋播机后，要调整保证机具水平稳定，如有偏差应立即调整。

（4）播种前，确保排种轮和排肥轮的固定卡片已经紧固，避免在播种过程中发生位

移，影响播种和施肥效果。

（5）连接好后，将机具升高到20～25 cm的高度，缓慢启动动力输出，观察机具运行是否平稳，如有异常应立即停机检查。确认无误后，再运行5 min，确保机具状态良好后方可开始作业。

（6）起步前，应鸣喇叭警告，禁止人员攀爬机具，机具旋耕刀离地15 cm时，空转1 min后，挂入工作挡，缓慢释放离合器，同时调整拖拉机液压，逐渐加速，使旋耕刀和开沟器开始进土作业。

（7）实际作业前，进行试播，检查播种深度和量，确保种子和化肥间距符合要求，确认一切正常后，才进行大面积作业。在土壤湿度较高时，若土壤呈泥条或团块状，不宜进行播种。

（8）选择合适的作业速度，保持均匀直行，避免中途改变速度或停机，适当的前进速度有助于确保播种深度和土壤覆盖，避免出现缺苗或断垄的问题。

（9）在机组操作过程中，需随时关注作业质量和机组的状态，若发现任何异常，立即停车进行检查。检查旋转部分时，应先切断机具动力，必要时熄火，故障排除后，将机组后退适当距离后再继续作业，以避免出现漏播现象。

（10）作业中，旋耕刀转动后方可缓缓下土，升降机具时，严禁急剧升降。在机组转弯或倒车时，应先提升机具离开土面，切断动力，然后执行转向或倒退。开沟器作业中，严禁倒退或急转弯，避免损坏机具。

（11）作业中，镇压轮（辊）负责传递播种和施肥的动力，必须接触地面转动才能正常工作。机具转移时，先停止刀轴旋转，调整到合适高度，锁定机具以避免损坏。

（12）作业中，种子和化肥的储量不宜低于总容量的1/4；监控播种和施肥情况，检查排种轮和输种管是否正常，确保种子覆盖均匀，若有问题及时处理。

（13）严禁人员在拖拉机与旋播机之间站立或坐在旋播机上，也不得在机具悬挂升起时下方进行检查或维护。加油、加种、加肥或清理杂草等操作必须在机具停机后进行。

六、小麦免耕施肥旋播机的维护与保养

（1）小麦免耕施肥旋播机每完成一个班次的作业后，应检查所有紧固件是否有松动现象，齿轮箱是否有漏油，以及旋转刀片是否存在损坏或缺失情况。发现任何问题都需及时进行更换或修理。此外，还需要对万向节伸缩管、链条以及各轴承的注油嘴等运动部件加注润滑油或润滑脂，确保其正常运转。

（2）每班作业结束后，要及时清理旋耕刀具、开沟器等部件上的泥土、秸秆和杂草。若旋耕刀经长时间使用出现磨损，应及时进行修复或更换。同时，还应清洗链条、轴承和传动部件，并给这些部位加注润滑油。

（3）定期检查旋耕刀片的磨损情况，并在更换刀片时注意保持刀轴的平衡。若需更换个别刀片，应对称进行更换；若需更换大量刀片，则应确保将质量相近（质量差异小于 10 g）的刀片装配在同一轴上，以保持机具的动平衡。

（4）对于变速箱，需及时补充齿轮油，加油量应以油尺上的刻度为准。作业前，应检查油面高度，变速箱底部若有沉淀物，也应及时清理。通常在作业季节结束后，应彻底清洗变速箱并更换润滑油。若变速箱盖的通气螺栓丢失，必须购买相应的专用螺栓进行替换，避免使用不合适的螺栓。

（5）播种季节结束后，需要对整机进行检修，将机具上的泥土、油污和排肥箱的残留化肥等彻底清理干净；清洗变速箱，更换齿轮油，检查各部件是否损坏或严重磨损，如有必要，进行及时维修或更换；给各轴承内注满黄油，链条拆下清洗后涂上润滑油保存；对旋耕刀、开沟器及脱漆部位涂油做好防锈处理；机具应放在事先垫好的木块上，放松张紧轮，不得以地轮为支撑点。

（6）需要长期停放时，应选择干燥处入库存放，用木块垫高，使旋耕刀片离开地面，防止变形；塑料和橡胶零部件要遮光、避油保存，避免加速老化。

七、小麦免耕施肥旋播机的常见故障及排除方法

小麦免耕施肥旋播机的常见故障及排除方法，见表 4-1。

表 4-1 小麦免耕施肥旋播机的常见故障及排除方法

故障特征	故障原因	排除方法
排种器不排种	种子箱内缺少种子； 排种量过小； 排种轴上的锁片掉落； 排种管不通畅	添加新的种子； 调节手轮增加排种量； 重新紧固锁片； 疏通排种管
单体排种器不排种	排种轮卡箍和键销松脱； 输种管或下种口不通畅	紧固排种轮； 疏通排种管和下种口
播种量不均匀	机组作业不匀速； 刮种舌严重磨损； 外槽轮卡箍松动，工作幅度出现异常	机组作业要保持匀速； 更换新的刮种舌； 调整外槽轮工作长度，紧固好卡箍
播种深度偏浅	开沟器弹簧压力过小； 开沟器拉杆变形导致入土角过小	将弹簧调紧，增加开沟器压力校正开沟器拉杆，增大入土角
种子破碎率高	作业速度过快，使传动速度高； 排种装置损坏； 刮种舌与排种轮距离过近	降速并保持作业速度均匀； 更换新的排种装置； 将刮种舌与排种轮的距离调大
漏种	输种管堵塞、脱落、损坏； 土壤湿黏，开沟器堵塞	检查安装或更换输种管； 在土壤合适条件下播种

续表

故障特征	故障原因	排除方法
开沟器堵塞	旋播机落地过猛； 土壤太湿	停机清理堵塞物； 注意适墒播种
行距不一致	开沟器配置不正确； 开沟器固定螺钉松动	正确配置开沟器； 紧固开沟器固定螺钉
覆土不严密	覆土板的角度有误； 开沟器弹簧压力过小； 土壤过硬	对覆土板的角度进行合理调整； 调整弹簧和开沟器的压力； 增加旋播机配重
万向节折断	传动系统有卡死； 作业中突然超负荷	排除故障后，更换万向节； 注意平稳作业
变速箱有杂音，升温高	齿轮啮合间隙有误； 齿轮破损； 少油、油内有杂质或油变质； 轴承破损； 有异物	齿轮啮合间隙在0.15～0.35 mm范围； 更换新的齿轮； 加注或更换齿轮油； 更换新的轴承 清理干净异物；
轴承温度过高	缺油或油变质； 轴承损坏	加注或更换齿轮油； 更换轴承
刀轴转动不灵	刀轴弯曲变形； 轴承损坏	校正刀轴、侧板； 更换轴承
作业时传动轴倾斜	机具倾斜； 拖拉机单边拉链过紧	调平机具； 调整拉链，保持两边一致
传动轴十字节损坏有异响	传动轴安装有误； 提升过高； 猛降入土； 润滑油不足	正确安装传动轴； 转弯时限制提升高度或停止转动； 降低下降速度； 加注润滑油
刀轴转动不协调	齿轮或轴承损坏； 刀轴弯曲变形	更换齿轮或轴承； 修理或更换刀轴
旋耕刀变形或折断	碰撞在坚硬物体上； 转弯时机具未离地面； 猛降在硬地上	更换片刀，清除田间石块、砖头； 转弯时将机具升起； 作业时缓慢降落机具
超负荷	刀辊被缠绕大量杂草； 刀辊入土过深	清理刀辊上的杂草； 调整入土深度

第三节　气吸式玉米精量播种机的应用与维护

随着农业生产的发展，精量播种技术已成为播种机发展的主要趋势。玉米精量播种就是通过机械化技术对玉米进行精密播种，按照玉米栽培要求，如株距、行距和深度等，将一定量的玉米种子种进土壤里，并进行严密覆盖。精量播种技术有效节约种子用量的同时，还能够取得高产量。精量播种技术的特点：一是播种量的精确，二是播种位置的精准。

一、精量播种机概述

精量播种机的效能主要由排种装置决定，精量播种器根据工作原理可以分为气吸式精量播种机和机械式精量播种机两种。在我国，气吸式精量播种机是主流选择。

气吸式精量播种机是目前国内使用最广泛的精量播种设备。气吸式精量播种机对种子的形状和大小要求较低，种子破碎率也明显降低，且能更高效地实现单粒播种。气吸式精量播种机的优点包括低投种点、种床平整、种子分布均匀、播种深度一致和出苗整齐，因此受到了农民的广泛欢迎。通过更换气吸体上的排种盘和调整传动比，气吸式播种机能够实现玉米、大豆、油葵等多种作物的精确播种。气吸式精量播种机具有株行距可调、能在覆膜上或覆膜下点播的灵活性，可一次性完成开沟、施肥、播种、覆土、镇压等多个作业步骤，有些型号甚至还能完成铺膜工作。由于气吸式精量播种机的结构相对复杂，用户需要深入了解播种机的结构、性能及操作、调整和维护方法，掌握相关农机操作技术，以充分发挥气吸式精量播种机的性能。

二、气吸式玉米精量播种机的组成

气吸式玉米精量播种机一般由机架、地轮、播种总成、排肥器、传动机构、防缠开沟器、风机总成等部件组成。其中，播种总成由排种器、输种管、防缠开沟器、覆土器、镇压器、种子箱等部件组成；传动机构由地轮、地轮轴、差速链轮、主链条、变速箱、轴承、链轮等部件组成。

（一）排种器

气吸式排种器由气室、气室嘴、排种轴、排种链轮、种子室、搅籽盘、排种盘、内外清种器和耐磨垫圈组成。气吸式排种器能实现精确地播种。

（二）防缠开沟器

防缠开沟器利用U形丝和方板安装于机架前梁，设有回转滚筒，有效防止秸秆或杂草缠绕，同时开出肥沟并将肥料播入土中，提高机组效率。

（三）覆土器

覆土器在播种时能顺利开沟，籽种精确落入沟内，并通过土壤回流覆盖种子，克服了秸秆或杂草的阻碍。

（四）地轮

地轮通过传动机构带动排种及排肥机构，确保精确播种和施肥。

（五）变速箱

变速箱是传动系统的中心枢纽，通过移动手柄可改变传动比，调整播种株距，从而调节亩播种量。

（六）排肥器

气吸式玉米精量播种机采用外槽轮排肥器，通过手轮调节排肥量，外槽轮工作段越长，排肥量越大；反之则减少。

（七）机架

机架是播种机的安装基础，所有功能部件均安装于此，并通过机架的上、下悬挂臂与拖拉机连接，依靠拖拉机的升降控制实现播种和地块转移。

（八）风机总成

风机总成提供必要的风压动力，支持气吸式播种机的功能。

三、气吸式玉米精量播种机的工作过程

气吸式玉米精量播种机运用负压吸附原理来实现精准播种。该播种机主要由气吸竖直圆盘式的排种机构组成，其中排种盘的一侧设有气室，气室通过气室嘴及风机管道与风机相连。当拖拉机启动并驱动风机运行时，风机的高速旋转在风道和气室内形成负压。

排种盘的另一面是种子室，随着拖拉机的前进，地轮带动排种盘转动。在形成足够的负压后，排种盘上的吸种孔在充种区吸附种子。种子在排种盘转动中，通过内外清种

器的作用，多余的种子被清除，每个吸种孔保留单粒种子。

随着排种盘继续旋转，种子离开负压区并移至投种区，位于开沟器上方。在此，负压消失，种子通过自身重力落入预先准备的种床中，完成播种。这种设计不仅提高了播种的精确度，也大幅提升了作业效率。

四、气吸式玉米精量播种机的应用与调整

（一）气吸式玉米精量播种机的安装及调整

风机固定座通常通过U形丝和垫板安装在拖拉机的前保险杠上，安装过程中可以在风机固定梁的下方或上方加垫橡胶片或木块，以便调整高度并稳定其位置。风机总成通过4个紧固螺栓及垫片固定于风机固定座上。根据拖拉机的尺寸选用合适长度的B形三角带，将拖拉机侧输出带轮与风机中介带轮连接，确保三角带调整至合适的松紧度和对齐。

为防止化肥对苗的伤害，在安装时需要确保播种开沟器与施肥开沟器的左、右方向相错至少5 cm。安装播种总成时，要确保各对应的轴孔同心，使用U形丝时应交替旋紧两端的螺丝，同时观察总成与支架梁的间隙，确保紧密结合。

播种机挂接到拖拉机的悬挂装置上时，通过正确调整上悬挂臂与下悬挂臂来确保播种机保持水平。适当调整下悬挂臂的张紧链，并进行2~3次的升降测试，确认无异常后方可开始作业。

将风机的吸风嘴与播种机的气吸室通过合适的塑料管连接，并使用卡子固定。所有润滑点应加注润滑油，特别是风机需使用优质高速黄油。

根据播种需求调整株距、行距、播种深度、施肥量及施肥深度。在加入化肥和种子后，启动发动机，轻微提升播种机，并手动转动地轮，检查排种和排肥情况是否符合预期，如存在偏差应立即进行调整。

（二）气吸式玉米精量播种机在使用中的调整

1. 调整株距

大多数气吸式玉米精量播种机采用株距变换挡位选择所需株距。可根据当地农艺要求，按株距变换表选择挡位，以确定所需株距。

2. 更换排种盘

（1）排种盘规格。大多数气吸式玉米精量播种机安装的是18孔排种盘，主要用于普通玉米的单粒精播，如果播种油葵、大豆等作物需要按照排种盘参考表更换恰当的排种盘。排种盘参考表，见表4-2。

表4-2　排种盘参考表

作物种类	吸籽孔直径
玉米	4.8 mm
大豆	5.2 mm
向日葵	3.5 mm

（2）更换排种盘的步骤。首先，拆除种子室与气室之间的连接螺栓，并取下种子室；其次，移除旧的排种盘和搅籽盘，装配新的搅籽盘至新的排种盘，并将其安装到排种轴上；最后，重新连接并固定种子室与气室。

3. 更换耐磨垫圈

操作开始时拆卸种子室和排种盘，接着拔出定位销，通过旋转可以从气室中取出旧的耐磨垫圈并更换新的。新垫圈安装后，以同样方式旋转定位，并用定位销进行固定。

4. 调整单粒率

通过旋转手调螺杆，前后移动刮种铲，观察种子通过刮种铲的情况。单粒通过率高时，通过调整指示针在定位孔中的位置优化内清种器效果，以实现最佳的清种效果。

5. 调整风机多契带松紧度

松开连接螺栓螺母，使用扳手转动张紧螺栓，调整多契带至适当的松紧度后再紧固连接螺栓螺母。

注意：过松可能导致带滑和传动效率下降，过紧则可能导致轴承过热和能耗增加。

6. 调整施肥深度

松开施肥开沟器的U形丝，通过上、下移动犁柱来调整深度，并确保所有施肥开沟器下尖与机架保持平行。建议施肥开沟器比播种开沟器深3 cm，以实现种肥分层和深层施肥。

7. 调整施肥量

清空排肥盒内的化肥，松开轴端的蝶形螺母，旋转手轮调整外槽轮轴的工作长度来调整施肥量。逆时针旋转减少施肥量，顺时针旋转增加施肥量。调整后需重新紧固蝶母。

8. 调整播种深度

顺时针旋转手轮，可降低地轮升高开沟器，从而减少播种深度；相反，增加播种深度。如需不同行的播种深度不同，可松开对应总成前的立柱顶丝，上、下移动播种开沟器以调整特定行的播种深度。

9. 调整链条松紧

通过张紧轮调整主链条的松紧；松开排种器的四个安装螺栓，上、下移动排种器以调整两链轮间的中心距离，从而调整排种链条的松紧；同样的方法，调整施肥斗的位置以改变排肥链条的中心距，实现松紧调整。

五、气吸式玉米精量播种机的正确操作

（一）加种

（1）选购种子时，确保种子颗粒大小均匀且发芽率不低于95%。

（2）购买的袋装种子应进行仔细检查，确保无砂粒、碎渣、玉米芯、杂草或标签等杂质混入。掉落的种子需要清选后才能用于播种。对于包衣种子，应保持干燥；对于浸种或萌芽种子，其水分含量应控制在50%以下。

（3）装种前，检查清种口盖是否已正确封闭，输种管的两端连接是否严密，一旦发现问题应立即修复。

（4）向种箱内加入种子后，应立即盖上箱盖，避免在作业过程中随意打开。

在作业中，应定时检查输种管内种子的位置，若种子降至管底部，则应及时补充种子以防止漏播。

（二）加肥

（1）选择流动性好的颗粒状复合肥料，开包后应检查是否含有杂质或有结块现象，必要时需进行清理或砸碎结块。若肥料过湿，影响其流动性，应提前晾干。

（2）装肥前，应检查化肥箱内部是否干净，装肥后要检查斗底拉板是否已打开，排肥槽轮是否调整至适当位置，确保施肥机能正常工作。

（三）机组的正确起步

（1）启动拖拉机之后，先调整播种机的开沟器，使其与地面的距离大约为15 cm。接着，调整油门使风机达到适合播种的转速，以便为播种机的正常工作提供足够的动力和风压。

（2）手动转动地轮，通过排种盘的吸种孔吸附种子，同时检查内外清种器是否已调整至合适的位置。对于新的播种机或者在更换新种子时，需要仔细调整内外清种器，确保能够达到最佳的单粒播种效率。调整过程中，应特别注意清种器的位置和压力，以避免破坏种子或漏吸种子。

（3）挂入工作挡位，缓慢释放离合器踏板，同时操作拖拉机的液压升降手柄，逐步增大油门，使播种机开沟器逐步入土。播种机下降时应平稳进行，以避免开沟器引起的土壤堵塞，直到达到正常的播种深度。

（四）机组的正确操作

（1）在大田作业前需要进行试播以确保设备调整正确。播种的起始地点通常选择在

田地边缘，考虑到未来机械中耕和作物通风需要，应在驾驶员可视范围内设置标杆或其他明显标志，以确保播种行驶直线。播种时一般采用菱形播种法。

（2）在操作播种机下降时，应先快后慢，轻柔地接触地面，并在拖拉机缓慢前进的过程中放下播种机，这样做可以防止机件变形或种子、肥料堵塞。整个作业过程中需要保持均匀的行驶速度。

（3）如果作业中拖拉机突然熄火，为避免漏播，重启拖拉机前应先把播种机提起，后退约2 m，然后将油门调至正常作业水平后继续作业。

（4）播种过程中应有专人跟随机器，观察排种盘、排肥轮和传动机构是否正常运转，检查前方是否有秸秆堵塞，播种深度是否合适，以及种子是否外露。如发现问题，应立即停机进行维修，以防缺苗。

（5）要持续检查开沟器、镇压器和覆土器是否正常工作。在拖拉机转弯和倒退时，应提前把播种机提起以避免损坏。

（6）在田间停车时，为防止丢失种子和出现缺苗或断苗，应将播种机或开沟器提起并后退一段距离后再进行播种。

（7）处理余行播种时，如果一块地的行数不足以支持完整的机器作业次数，如8行地用3行播种机需要处理余下的行。可以按照先播3行、再播2行留空1行、最后播3行的顺序操作。需要停播的播种总成，应摘下对应的风机管，并用配套的堵塞套封闭风机口。当需要恢复作业时，拆除堵塞套并重新连接风机管。

（8）作业结束后，进行清肥和清种操作。清肥时从化肥斗底部的放肥口盖排出化肥；清种时应先清除开沟器上的泥土，然后在开沟器下方接袋，打开清种门排出种子，难以流出的种子可用手指拨出。

这样的步骤确保了播种机的清洁和维护，准备好下一次的作业。

六、气吸式玉米精量播种机的安全使用注意事项

（1）使用播种机前需仔细阅读使用说明书，了解种植机的结构、性能及使用方法。

（2）升降播种机时，播种机周围人员应当远离，作业时严禁用手触摸各转动部件。

（3）开沟器入土后不准倒退或急转弯，以防开沟器壅土或损坏机器。

（4）播种机升起或正在播种时，禁止在播种机下面进行维修保养工作。

（5）带有座位或踏板的播种机，在作业环境安全的情况下可以坐人或站人；当播种机升起、转弯或转移地块时，严禁坐人或站人。

（6）严禁在左、右划印器下站人和在机组前来回走动，以免发生危险。

（7）若作业时发生故障，必须停机后检查排除。

（8）工作部件和传动部件上有过多的黏土或缠草时，必须停机清除，禁止作业时用手清理。

（9）若风机发出异响，必须立即停止作业并检修。

（10）加入种子和肥料或清除剩余种子和肥料时，必须停机后进行。

（11）种子要求精选、干燥，种、肥内不能混有砂粒、纸片等杂物。

（12）播拌药种子时，工作人员需戴好风镜、口罩等防护用具。播种完成后，剩余的种子应妥善处理，禁止食用，以防人畜中毒。

（13）机组在转移地块或运输时，要保证播种机最下端离地不可小于15 cm，锁好拖拉机升降器，防止碰撞导致播种机损坏。

七、气吸式玉米精量播种机的维护与保养

（一）使用中的维护与保养

（1）在使用播种机前，应检查所有连接部件是否牢固以及所有可动部件的灵活性，并对这些部件进行润滑。通常在机器运行40 h后，需要向风机中加入高速黄油，每次约10 g，切勿使用普通黄油替代。

（2）每天工作结束后，应清除播种机上的泥土和肥箱内残留的肥料，并为各转动部分润滑。

（3）每班作业开始和结束时，都应检查各紧固件，包括调节螺栓和螺钉是否松动，一旦发现松动应立刻进行紧固。

（4）定期对所有可动部件进行检查，确保没有异常。如发现问题，应立即停机进行故障排除。

（5）播种完成一个品种的玉米后，需认真清理种子箱，防止品种混杂。

（6）由于大多数化学肥料会腐蚀金属，所以播种完成后需立即清理肥箱，防止锈蚀。

（7）每班作业或换地块作业前都应对播种机进行检查保养，作业时也要经常停机检查。方法和内容如下：①升起播种机，旋转地轮观察排种有无异常；②检查施肥、播种开沟器是否通畅；③当驱动轮外周黏土过多时，需停机清理；④检查风机传动的三角带和多契带松紧状态，并及时调整。

（二）入库停放前的维护与保养

（1）播种季节结束后，应将播种机上的泥污清理干净，并涂油防锈，尤其是开沟器。

（2）取下所有传动链条，使用柴油彻底清洗干净后，涂抹机油进行封存。

（3）彻底清洁种子箱和肥料箱。

（4）检查播种机是否有磨损、变形、损坏或缺失部件的情况，同时检查轴承和轴套的间隙，必要时进行调整，以确保来年播种工作的顺畅进行。

（5）播种机长期不用时，要入库防止日晒、雨淋，防止酸性物质对其腐蚀。最好再罩上棚盖。

八、气吸式玉米精量播种机的常见故障及排除方法

气吸式玉米精量播种机的常见故障及排除方法，见表4-3。

表4-3 气吸式玉米精量播种机的常见故障及排除方法

故障特征	故障原因	排除方法
地轮打滑	排种链条上架	将排种链条调好
	地轮过高	顺时针旋转调深手轮
	差速器反向	将播种机升起，倒转各个地轮，如果阻力较大，调换该总成差速器方向
各行深浅不一	机具前低后高	调长拖拉机中央拉杆
	播种开沟器深度不一致	松开开沟器螺钉，上、下移动开沟器
	开沟器入土角度不一致	松开U形丝，调整入土角
播种深度达不到要求	开沟器磨损，入土困难	校正变形开沟器，磨损严重的要焊补或更换
	覆土板磨损，覆土量减少	校正变形的覆土板，磨损严重的要焊补或更换
播量过大	输种管脱口，清种口盖掉落	接好输种管，盖好清种口
	双粒率高	调整内外清种器位置
	排种器内有异物	取出异物
	排种链条掉落	挂好链条
	驱动轮顶丝松动	拧紧顶丝
空穴或漏播	排种器内缺种子或种子在输种管内架空	添加种子，轻敲震动输种管，清洗输种管
	发动机转速过低	将油门调大至合适的大小
	管路密封性差	填堵密封管路和接口处的漏洞
	排种盘或密封垫圈磨损	换新的排种盘或密封垫圈
	内清种器或外清种器将吸附的种子刮下	将内外清种器调整至合适的位置
露籽	播种过浅	适当增加播种深度
	覆土器的角度有误	将覆土器的角度调整至合适的大小
	开沟器的入土角过大	将中央拉杆调长一些
掉链频率高	两个链轮位置歪斜	将歪斜的链轮调正
	多契带槽或带轮槽内混入杂物	清理杂物
风机多契带严重磨损	多契带张进度过大	调松多契带
	风机轴承体内缺少润滑油或轴承损坏导致发烫	加注润滑油或更换轴承

第四节　马铃薯种植机的应用与维护

马铃薯是我国继小麦、水稻和玉米之后的第四大粮食作物，种植范围非常广泛。

与玉米、水稻等农作物不同，马铃薯属于块茎类作物，其播种方式主要包括切块播种和小直径整薯直播。马铃薯的机械化种植集起垄、开沟、施肥、种植、覆土、镇压等作业于一体，具有保墒、节肥、出苗整齐和生产效率高等特点。

一、马铃薯种植机的分类

马铃薯种植机可以按照以下三种方式进行划分。

（1）根据作业方式，马铃薯种植机可分为垄作、平作、垄作与平作可调。

（2）根据开沟器形式，马铃薯种植机可分为铧式、靴式。

（3）根据排种方式，马铃薯种植机可分为勺链式、勺盘式和针刺式等。

马铃薯属于无性繁殖的作物，利用有芽眼的块茎做籽种，所以籽种较大。目前，勺链式排种器在国内外得到了广泛使用，其具有造价低、株距可调、可靠性高、可适应不同的种植间距等优点。

二、马铃薯种植机的组成

马铃薯种植机主要包括机架部分、排种机构、排肥机构、覆土机构和动力传动机构等主要部分。

（一）机架部分

机架通常由各种矩形管焊接而成，主要功能是连接机械的各个工作部件。

（二）排种机构

排种机构是马铃薯种植机的核心部分，包括开沟器、种子箱、排种链、排种勺、排种主动链轮、排种被动链轮和排种筒等。排种机构通常采用勺链升运式设计，通过勺链系统将马铃薯种子准确地送入土中。开沟器用于在土壤中形成种植沟；种子箱存放马铃薯种子；排种链带动排种勺在种子箱中捞取种子并输送至排种筒，从而将种子均匀地排放到开沟器形成的种植沟中。

(三) 排肥机构

排肥机构由肥料箱、排肥轮、输肥管和排肥轴等部分组成。

(四) 覆土机构

覆土机构主要包括犁铲、刮垄板和镇压滚。覆土机构通常采用犁铲式起垄设计，能够一次性完成覆土、起垄和镇压等多种作业。其中，犁铲用于将土壤翻覆覆盖到种子上，形成均匀的土层；刮垄板用于平整土壤并将其推向行间；而镇压滚则用于压实土壤，确保土壤与种子之间的接触，促进种子的萌发和生长。

(五) 动力传动机构

动力传动机构包括地轮、链轮和链条等部件，是连接拖拉机与种植机各工作部件的关键机械部分。在拖拉机的牵引下，地轮接触地面滚动，通过链轮和链条将动力有效地传递给种植机的排种机构和覆土机构等，保证机器的正常运行。动力传动机构的设计确保了整个种植过程的顺畅和效率，同时也影响了机器的耐用性和维护需求。

三、马铃薯种植机的工作过程

马铃薯种植机连接在拖拉机的后端，并通过拖拉机的牵引向前移动。动力通过地轮传递到链轮及链条，从而驱动整个系统。马铃薯种植机的主动和被动排种链轮分别安装在机架的下部和上部，通过这两个链轮上的排种链条以椭圆形方式转动。在排种链上固定有种勺，这些种勺从种子箱中间穿过，并在排种链条椭圆运动时，将种块提升到排种筒的顶部，然后向下移动，最终将种块精确放置在开沟器所开的沟内。同时，排肥轮也由地轮通过链条及链轮驱动，从肥箱中将肥料通过排肥轮和输肥管适量排放到沟底，实现起垄、开沟、施肥、种植和镇压等一系列作业过程。由于排种筒相对于排肥筒位置较浅，这样确保了种子和肥料在土壤中形成分层，优化了种肥的布局。

四、马铃薯种植机的应用与调整

(一) 种植前准备工作

种植机作业前，应先对所有润滑部分进行润滑处理，并检查所有转动件是否运转灵活以及所有紧固件是否牢固。在加入种子和肥料之前，必须仔细检查种子箱和肥料箱，确保里面没有杂质。选用的薯块应大小均匀，最好维持在 5 cm 左右，以避免发生重播或漏播现象，这些问题会直接影响种植的精度。籽种应在种植前5天切割并晾干，或者用草木灰进行涂拌处理。同时，确保化肥中没有结块，防止在施肥过程中造成堵塞。

（二）种植机的调整

1. 种植机水平调整

通过拖拉机悬挂系统上的调整丝杠，实现种植机在前、后和左、右方向上的水平平衡调整。

2. 种植机垂直调整

利用拖拉机的悬挂拉链，调整种植机的中心与拖拉机的中心对齐，形成一条直线。

3. 垄高调整

调整起垄铲的高度可以改变垄高。如果垄面不平，适当调整刮垄板位置。若垄面拱顶不明显或垄顶出现小沟，应降低垄板高度，增加入土深度，确保垄形整齐符合种植要求。调节垄铲间的夹角还可以改变垄的高度和宽度。

4. 种植深度调整

种植深度调整是确保作物良好生长的关键环节，可以通过以下两种方式进行。

（1）通过机架和悬挂连接杆调整。

第一，种植机连接到拖拉机的升降悬挂装置上，通过调节拖拉机悬挂装置的左、右悬挂臂长度，可以调整种植机的水平位置。

第二，通过调整中心拉杆的长度，可控制种植机的入土深度。拉杆调短时，开沟器更容易进入土中，从而加深开沟；反之，则使开沟变浅。

（2）通过开沟器的位置调整。

第一，开沟器的位置可以通过调整其固定在机架上的立柱的高度来调整。首先松开固定开沟器的螺栓，然后上、下移动开沟器至所需深度。

第二，调整时要确保所有开沟器的高度一致，以保持整个作业的均匀性。调整到合适位置后，再次紧固螺栓以固定开沟器。

5. 排种链张紧度调整

排种链张紧度是确保种子均匀输送的重要参数，需要适时调整以避免松弛或过紧，具体步骤如下。

第一，排种链的张紧度可以通过调整排种机构顶部的拉杆来控制。拉杆连接至排种链轮轴承座，通过上、下移动轴承座来调整链条的张紧度。

第二，调整时需注意张紧程度，过松可能导致链条滑动或跳跃，过紧则可能增加磨损或损坏链条。

（三）亩播量的调整

亩播量的调整应按照种植机使用说明书调整方法进行调整，使马铃薯亩种植的株数、化肥亩播量均符合当地农艺要求。

1. 行距调整

松开大梁上的4个U形卡螺母，按当地农艺要求所需的种植行距调节好，紧固好各部位螺栓。

2. 株距调整

种植机株距调整为有机调整，一般设有两种株距，以满足不同的农艺要求。

株距调整时，更换排种轴上不同齿数的链轮即变换不同的传动比，可达到不同的株距。

3. 亩播量调整

马铃薯亩播量一般以每亩种植的株数来计算。株数可通过改变行距和株距（穴距）来实现，肥料通过控制流量来实现。

（1）籽种穴距（株距）计算：

$$穴距(m)=行走轮周长(m)×转数÷落下籽种的穴数$$

（2）排肥量计算：

每个排动器应排肥$(kg)=$亩播量$(kg)×$行距$(m)×$种植机行走轮的周长$(m)÷666.7(m^2)$

（3）种植机行走转数计算。

$$播1亩地行走轮的转数=666.7(m^2)÷种植机行走轮的周长(m)×播幅(m)$$

4. 试播

正式种植前，给种、肥箱里分别装一定数量的籽种和肥料，先在地头试播10 m，检查种肥间的间距、播深、行距、株距等各项技术指标，符合当地农艺要求后再开始正式作业。

五、马铃薯种植机的使用安全注意事项

（1）使用前，必须认真阅读种植机说明书，对机具的使用性能、操作方法熟悉后方可进行作业。

（2）作业前，应向在场人员发出信号，非工作人员离开工作场地后，才能开动拖拉机。

（3）作业时，严禁坐在拖拉机与种植机之间或坐在种植机上。

（4）注油、加籽种（肥料）、清理杂物、调整种植机时，必须停机后方可进行。

（5）种植机未提升时，严禁拖拉机转弯和倒退，机组到地头应当先提升种植机后再转弯。倒车时必须升起种植机，然后再进行倒车，种植机的提升和降落应缓慢进行。

（6）严禁种植机悬挂升起后，趴在种植机下面进行检查、调整和维修。

（7）机车必须低速平稳行走，不能高速作业。种植机应直线行驶不能划"龙"行驶，以提高马铃薯生长中期和后期的通风、采光。

（8）作业中，应随时观察排种、排肥情况，发现有故障立即停车排除。

（9）在加装籽种和肥料前，需要检查籽种箱和肥料箱内是否有杂质，装填籽种和肥料时应避免过满，防止在种植机升降或转弯时籽种和肥料洒落地面。

（10）对种植机进行调试、保养或清理时，必须确保机器已停止运行。

（11）作业中，严禁倒车或急转弯，同样在机器运行时禁止进行故障排除、调整或维修。

（12）如果工作部件和传动部件上黏附过多泥土或杂草，或排种筒、输肥管出现堵塞，必须停车进行清理，严禁在机器运行时用手直接清理。

六、马铃薯种植机的维护与保养

正确使用和维护种植机是提升作业质量、提高机组效率以及延长机器使用寿命的关键。作业中，应当经常观察机器运行状态，并且要勤于检查和保养，确保机械在最佳状态下运行。

（1）种植机使用前，操作人员应认真阅读种植机说明书，给各润滑部位加注润滑油；检查各转动部件是否灵活，紧固件是否牢固，挂种链的松紧情况，如发现异常应及时调整和维修，调整好各部位到正常工作状态。

（2）作业中，应随时观察或检查挂种链的松紧情况（链条松时要上调上面的链轮轴），以防链条过松使排种勺和籽种卡在护种盒内；应随时观察机具各部位的运转情况，及时检查各部位的紧固情况，若工作部件出现黏土、缠草、堵塞、壅土现象，应及时停机进行清理，以免影响正常作业。

（3）每班作业完成后，要及时清理种植机链条、链轮、开沟器上的泥土、脏污，检查并紧固各部位的螺栓。

（4）每工作3个班次，对各润滑部位加注一次润滑油，避免加速磨损，并检查各部位是否正常，如发现异常应及时修复。

（5）种植季节结束后或长期不使用时，应彻底清理种植机上的泥土，更换磨损严重的零部件，紧固各部位的螺栓，给润滑部位加注润滑油。将排肥箱肥料应清理干净并涂上防锈油，将链条、链轮、开沟器上的泥土、脏污擦干净涂上防锈油。种植机应放置在通风、干燥的室内妥善保管，防止雨淋，避免锈蚀。

七、马铃薯种植机的常见故障及排除方法

马铃薯种植机的常见故障及排除方法，见表4-4。

表4-4 马铃薯种植机常见故障及排除方法

故障特征	故障原因	排除方法
排肥轴不转动	排肥轴卡死	调整排肥轴使之灵活
	链条脱落	装好链条
	排肥器销轴脱落	装好销轴
种植机左右摇摆	牵引悬挂拉杆未调平	调整拉杆至平衡
起垄过高或过低	起垄铲过深或过浅	调整起垄铲位置至适当
排肥器堵塞	拖拉机未行走时种植机就降落且降落太快，致使开沟器壅土阻塞	拖拉机向前行驶时，缓慢降落种植机
	种植机未提升就倒车，造成开沟器壅土堵塞	避免种植机未提升就倒车
	料结块	肥料碾碎后加入肥箱
开沟深浅不一致	开沟器调整高度不一致	把种植机放在平地上，拧松开沟器调整螺栓，把开沟器调至同一高度后紧固螺栓
漏种率高	链轮齿脱链打滑	调整链条张紧度
	取种勺取不上种	种块过大，进行籽种分级
	种植速度过快，拖拉机行驶速度超过7 km/h	保持合理种植速度，最好控制在5 km/h以内
重种率高	取种勺取种过多	种块过小，进行籽种分级
施肥量匀	肥料潮湿，易在肥箱中架空	更换好肥料
	肥料管堵塞	通透肥料管
	外槽轮位置不合适	重新调整位置
种植与施肥深度不匀	地不平整	重新整地
	入土角不合适，机组悬挂系统稳定性不好	调整悬挂上、下拉杆长度，使悬挂系统工作稳定
	开沟器深度不合适	重新调整深度
	土块过大	进一步碎土
有尖锐噪声	传动部位缺油	加注润滑油
	联结处松动，出现卡碰现象	紧固联结部位，并排除卡碰故障

第五章　灌溉设备的应用与维护技术

第一节　离心泵的应用与维护

一、开机前离心泵的准备工作

在启动水泵之前，操作人员需要进行一系列必要的检查以确保水泵的安全运行。

（一）轴承检查

（1）手动缓慢地转动联轴器或带轮，观察水泵是否可以灵活且平稳地运转。

（2）细听是否有异物碰撞的声响，并确认轴承是否运行正常以及皮带的松紧度是否恰当。

（3）若发现任何异常情况，必须及时进行修理或进行调整。

（二）螺钉检查

（1）仔细检查所有螺栓和螺钉，确保它们均未松动。

（2）如有松动，应立即紧固。

（三）水泵检查

（1）确认水泵的转向是否正确，可以通过试运行来验证。

（2）若转向错误，应立即停机并处理。对于三相电机驱动的水泵，更换任意两相接线可更正转向；对于柴油机驱动，检查皮带的安装是否正确。

（四）引水检查

（1）对需要灌引水的水泵，先执行灌引水操作。

（2）在灌水过程中，手动转动联轴器或皮带轮以帮助排出叶轮内的空气。

（五）启动时关闭闸阀

（1）对于离心泵，启动前应关闭闸阀以减少启动负载。
（2）水泵启动后，及时打开闸阀以允许水流通。

二、在使用中离心泵的安全检查工作

在水泵运行期间，操作人员需持续进行监测以确保其正常运作，并严格遵守岗位责任，及时处理发现的问题。

（一）检查各种仪表工作是否正常

定期检查电流表、电压表、真空表、压力表等仪表的指示是否正常。若遇到读数异常或指针剧烈跳动，需立即查找原因并解决。

（二）经常检查轴承温度是否正常

轴承温度通常不应超过60 ℃，用手感测试，不应感觉过热。若轴承温度异常升高，可能预示着工作状态不正常，应立刻停机检查，避免轴承损坏或其他严重故障。

（三）检查填料松紧度

填料的适宜松紧度通常是每分钟渗水12～35滴。过少的水滴可能导致填料过热、硬化，加速泵轴和轴套的磨损；而水滴过多则表明填料过松，可能会导致空气进入泵内，降低泵的效率，甚至造成泵无法输出水流。通过调整填料压盖螺钉来调节填料的松紧度。

（四）检查异响

在运行过程中，要细致倾听是否有异响或异常振动，并观察出水流量是否有所减少。若检测到任何异常情况，应立即停机并进行检查，以便及时处理问题。

（五）水池水位水体维护

观察进水池的水位是否合适，确保进水管口的淹没深度足够，避免产生旋涡。定期清理拦污栅和水池中的漂浮物，防止进水口被堵塞，确保水流通畅。

（六）闸阀关闭

停机前，应关闭出水管上的闸阀，以防水流倒流。倒流水可能对设备造成损害，因此采取这一措施可以防止潜在的设备损坏。

三、离心泵的维护与保养

(一) 轴承的维护

对于新安装的带有滑动轴承的泵,应在首次运行约100 h后更换润滑油;随后每运行300～500 h更换一次。对于使用频率较低的情况,也建议每半年更换一次润滑油。滚动轴承则应每工作1 200～1 500 h补充一次润滑油,并且每年彻底更换一次润滑油。

(二) 清洁保养

使用后,应及时清理泵体及其管路上的油渍,保持设备的整洁,这有助于维护设备的良好工作状态。

(三) 定期修理

排灌季节结束后,应进行一次小修,彻底排干泵内及水管内的水分,以防止水分残留导致的锈蚀或冻裂。此外,每累计运行2 000 h,应进行一次大修,以确保设备能长期稳定地运行。

四、离心泵的常见故障及排除

(一) 启动故障及排除

1. 电机不能正常启动

使用电动机作为动力时,首先手动检查电机散热风扇是否能灵活转动。如果风扇转动自如,问题可能出在启动电容上,可能是电容失效或容量降低,此时需要更换相同规格的启动电容。如果风扇难以转动,可能是转子卡死。这种情况下,应清除转子上的铁锈并涂抹润滑油或清除引起卡死的异物。

2. 水泵反向旋转

如果水泵在首次使用时出现反向旋转,应立即停机处理。对于电动机驱动的水泵,可以通过交换三相电源中的任意两相线来改变旋转方向。对于柴油机驱动的水泵,则需要检查并调整皮带的连接方式。

3. 离心泵转动后不出水

如果离心泵在转动后不出水,可能的原因有多种。首先,检查吸入口是否被杂物堵塞,如有堵塞需及时清理并考虑安装过滤装置。其次,检查吸入管和所有连接点是否存在漏气现象,这可能由管道裂缝、焊缝或密封垫损坏造成,需对其进行修复。此外,确认吸水高度是否适宜，过高的吸水高度会导致泵吸力不足。检查泵内是否有空气积聚，如果有，应通过关闭出水阀并打开旁通阀来排空气。最后，确保泵的转速达到正常工作所需的水平，以及出水管路是否存在过大的阻力，如有必要可进行清洗或调整。这些措施能有效解决离心泵不出水的问题。

（二）运转故障及排除

1. 流量不足或停止

（1）叶轮或进出水管可能发生堵塞，此时需要对其进行清洗以消除阻碍。

（2）如果密封环或叶轮出现严重磨损，应及时更换这些已受损的部件，以恢复泵的正常功能。

（3）若泵轴的转速低于规定的工作速度，应对其进行调整，确保达到规定的泵速。

（4）如果底阀未完全打开或逆止阀发生堵塞，应适当打开底阀或在停机状态下清理逆止阀。

（5）吸水管的淹没深度不足可能会导致泵吸入空气，这需要调整吸水管的位置，确保有足够的淹没深度。

（6）检查并修复吸水管或填料的漏气问题。

（7）密封环磨损时，更换新密封环或调整叶轮和密封环以确保密封效果。

（8）避免使用含沙量过高的水源，或增设过滤设施。

2. 声音异常或振动过大

（1）检查叶轮平衡并进行校正，确保叶轮平衡。

（2）泵轴与电动机轴应保持同心，如不同心应进行校正。

（3）确保水泵安装基础坚固，臂路支架牢固，检查地脚螺栓是否松动。

（4）确保泵或电机的转子转动平衡。

（5）降低泵的安装高度以避免因吸程过大引起的汽蚀。

（6）调整泵的运行条件，确保其在设计点运行，避免流量过大或过小导致的压力问题。

（7）清理进水池和泵内的异物，检查进水池的设计是否合理，尤其是多台泵并联运行时的管路布置，避免产生漩涡。

（8）如果发现振动是由共振引起，应分析转子的固有频率与水泵转速是否一致，并采取措施调整。

3. 轴承过热

当运行中轴承过热到烫手程度时，可以从以下几个方面来排查和处理。

（1）润滑问题。检查润滑油是否充足，油循环是否良好。不足或循环不良需要补充润滑油或改善循环系统。

（2）润滑油质量。若润滑油质量差或含有杂质，可能导致轴承点蚀、磨损和运转不灵活，此时应更换高质量的润滑油。

（3）轴承磨损。检查轴承是否磨损严重，严重时需更换新轴承。

（4）对中问题。确保泵与电机同心对齐，不同心会增加轴承负担。

（5）轴承配合。检查轴承内圈与泵轴轴颈的配合是否过松或过紧，并进行适当调整。

（6）传动带问题。如果使用皮带传动，检查皮带是否过紧，适当调整以减轻轴承压力。

（7）轴向推力。检查并疏通叶轮上的平衡孔，以减少轴向推力。

4. 泵耗用功率过大

如果泵在运行中功率消耗异常，可能导致电流表读数超常或电机过热，原因可能包括以下几个方面。

（1）内部摩擦。检查泵内转动部分是否有摩擦发生，如叶轮与密封环、叶轮与泵壳之间。

（2）转速问题。确认泵转速是否过高，调整至正常范围。

（3）介质特性。检查输送介质的比重和黏度是否超过设计值，必要时调整泵或更换泵适应介质条件。

（4）填料问题。检查填料是否压得过紧，或填料箱内是否进水不足，适当调整以减轻摩擦和过热。

（5）轴承状况。检查轴承是否磨损或损坏，并适时更换。

（6）轴的物理状况。检查轴是否弯曲或轴线是否偏移，必要时进行校正。

（7）运行点问题。确保泵不在设计点外大流量下运行，调整运行条件以匹配设计性能。

第二节　潜水电泵的应用与维护

一、潜水电泵使用前的准备工作

（一）检查电缆线有无破裂、折断现象

因为电泵的电缆线要浸入水下工作，若有破裂折断极易造成触电事故。有时电缆线外观并无破裂或折断现象，也有可能因拉伸或重压造成电缆芯线折断，此时若投入使用，则极易造成两相制动现象，如果不能及时发现，极易烧坏电动机。所以，在使用前既要从外观认真检查，又要用万用电表检查电缆线是否通路。

（二）用兆欧表检查电泵的绝缘电阻

使用兆欧表测量电动机绕组相对于机壳的绝缘电阻，确保其不低于 1 MΩ。这是关键的安全检查，以防电机绕组出现短路。

（三）检查是否漏油

潜水电泵出现漏油问题通常发生在几个关键部位：电缆接线处、密封室加油螺钉处的密封和O形环。首先，应确认是否真的存在漏油。漏油的原因可能包括：加油螺钉没有拧紧、耐油橡胶垫已损坏或O形环失效。为了确保电泵的密封性，需要对这些部件进行检查并进行更换。这些措施可以有效防止未来的漏油问题，确保电泵的正常运行。

（四）搬运时的注意事项

搬运潜水电泵时应轻拿轻放，避免碰撞，以防损坏部件。严禁用力拉动电缆，避免导致电缆磨损或断裂。

（五）潜水电泵必须与保护开关配套使用

由于潜水电泵的工作环境复杂，如流道杂物堵塞、两相运转、低电压运行等问题，使用保护开关是必须的。如果保护开关出现问题无法解决，建议在三相闸刀开关处安装等于电机额定电流2倍的熔断丝，切勿使用铅丝或铜丝代替，以确保安全。

（六）要有可靠的接地措施

对于三相四线制电源系统，必须确保电泵的接地线与电源的零线正确连接。如果电源系统中不存在零线，应在电泵附近的潮湿地面上埋设超过1.5 m深的金属棒用作地线，并确保其与电泵上的接地线连接可靠，以防电气事故。

（七）停用时的保养

对长期停用的潜水电泵，在重新启动使用前，应拆开顶部泵壳，手动转动叶轮数圈，以防止因锈蚀导致无法启动，从而避免烧毁电机绕组。这项预防性维护可有效延长电泵的使用寿命。

二、潜水电泵使用时的注意事项

（一）电源切断

在检查电泵时必须切断电源。

(二）安装时的水深

安装潜水电泵时，泵的深度通常设置为0.5~3 m，具体深度取决于水深和水面变化情况。如果水体较大且水面高度变化不明显，泵的安装深度可以适当浅一些，1 m左右较为合适。对于水体较小但较深的情况，尤其是在抽水时水面下降较多的环境下，泵的安装深度可以适当加深，但一般不建议超过3~4 m，因为过深的安装可能会导致机械密封损坏并增加水管的长度。

(三）工作时的注意事项

在潜水电泵运行期间，应确保在其附近不进行洗涤物品、游泳或允许牲畜下水等活动，以防漏电引发触电事故。

(四）通电

潜水电泵安装完毕后，应通电测试观察出水情况。如果观察到出水量小或无出水，可能是由于电泵转向错误。这种情况下，应尝试交换两相电线的接线头，以纠正转向问题。

(五）开关频次

避免频繁地开启和关闭潜水电泵，因为这可能会缩短其使用寿命。频繁的开关操作会导致电泵停机后管路内水回流，若立即重新启动，电泵会面临过重的负载和冲击载荷。此外，频繁开关还可能加速易损小型零件的磨损。

(六）防污措施

在草多和杂物多的环境中使用潜水电泵时，应在电泵外部使用大竹篮、铁丝网罩或设置拦污栅，以保护电泵防止杂物堵塞其格栅网孔，确保电泵的正常工作和水流的顺畅。

三、潜水电泵的维护与保养

（一）及时更换密封盒

如果发现潜水电泵内部的水分泄露超出正常范围（约每天2 mL），应及时更换密封盒，并对电机绕组的绝缘电阻进行测量。如果绝缘电阻低于0.5 MΩ，必须对电机进行干燥处理。更换密封盒时，要确保新密封盒的外径及轴孔中的O形环完好无损，以防止水分大量进入电泵内部，造成电机绕组损坏。

（二）定期换油

潜水电泵应在每运行1 000 h后更换一次密封室内的油，并且每年至少更换一次电动机内部的油。对于充水式潜水电泵，还需要定期更换上下端盖、轴承室内的骨架油封和锂基润滑脂，以保持良好的润滑状态。对于带机械密封的小型潜水电泵，还应定期检查密封室并补充润滑油，确保机械密封处于良好润滑状态，延长其使用寿命。

（三）保存潜水电泵

长时间不使用的潜水电泵应存放在干燥通风的环境中，避免长时间浸泡在水中。充水式潜水电泵在存放前应彻底清洗，移除污泥和杂质。同时，应确保电缆避免阳光直射，防止老化和裂纹，保持良好的绝缘性能。

（四）及时进行防锈处理

使用超过一年的潜水电泵，根据其实际的锈蚀情况，应进行适当的防锈处理，如涂抹防锈漆。内部的防锈措施应根据泵的型号和腐蚀状况来决定，如果内部充满油，通常不易生锈。

（五）保养潜水电泵

潜水电泵应定期进行年度保养。在保养过程中，首先需要拆开电机，并对所有部件进行彻底的清洗和除垢处理。此外，应检查所有部件的磨损情况，对于磨损严重的零部件应进行及时更换。同时，更换密封室内和电动机内部的润滑油以确保其良好运行。如果在检查中发现润滑油质量混浊并且含水量超过50 mL，这通常表明密封性可能已经受损，因此需要更换整体密封盒或动静密封环，以防止进一步的损坏和确保电泵的正常运作。

（六）气压试验

对于经过检修的电泵，应通过0.2 MPa的气压测试来检查各部件的止口配合面，尤其是O形密封环和机械密封的两个封面，以确保不存在漏气现象。如果测试中发现有漏气情况，应该重新装配或更换出现漏气的零部件以确保密封性。完成这些检查和调整后，应分别向密封室和电动机内部加入适量的润滑油，以保证电泵的良好运行和延长其使用寿命。

四、潜水电泵的常见故障及排除

（一）漏电

漏电是潜水电泵中一个常见且极其危险的故障，它直接威胁到人身安全。当漏电保护器在变压器配电房的闸刀闭合时触发跳闸，这表明存在漏电问题。若无漏电保护器，情况可能更为严重，甚至可能导致电机损坏。这通常是由于潜水泵泵体内部进水，使得电机绕组的绝缘电阻降低，触发了保护器。

这种情况下，可以使用摇表或设置在 $R \times 10 \text{ k}\Omega$ 的万用表来测量电机绕组对外壳的漏电阻。随着使用时间的增长，机械密封的端面可能会严重磨损，水分通过这些磨损部分渗透进入电机绕组，导致漏电。面对这种情况，应将潜水泵电机拆卸并放入烘房中，或使用 100～200 W 的白炽灯泡进行烘干。待绝缘电阻检测结果显示正常（理想情况下为无穷大）后，更换新的机械密封，并重新安装泵，这样潜水泵就可以安全重新投入使用了。

（二）漏油

潜水电泵出现漏油通常是由密封盒的严重磨损引起的，主要问题表现为密封盒油室漏油或出线盒密封不良。当密封盒油室漏油时，可以在进水接口处发现油迹。此处设有加油孔，拧开螺丝可以检查油室内是否有水渗入。若检测到油室进水，表明密封效果已经不佳，需要立刻更换密封盒，以防止水分进一步渗透电机内部，造成更严重的损坏。

如果在潜水泵电缆的根部观察到油化现象，这通常是内部漏油的迹象。这种情况可能是由密封胶塞的密封性能不佳或电机重绕后使用的引线质量不达标所致；也可能是由于水泵的接线板破裂导致。在明确原因后，应更换为合格的新部件，并对电机的绝缘状况进行检查。如果发现绝缘性能不佳，应立即处理，并更换电机内的油，以确保电机能够正常运行并保障安全。

（三）通电后叶轮不转

当水泵通电后发出嗡嗡声而叶轮不转动，首先应立即切断电源。接着在进水口处尝试转动叶轮，如果叶轮无法转动，这通常意味着转子可能被卡死。这种情况下，需要拆开水泵进行内部检查，检查是否因转子下端的轴承滚珠破裂而导致转子卡死。如果叶轮能够被拨动，但在重新通电后仍不转动，这种故障可能由轴承的严重磨损引起，定子产生的磁力在通电时将转子吸附固定，使其无法正常转动。这种情况下，应更换轴承并重新组装水泵，确保叶轮转动灵活，从而排除故障。这样的步骤有助于确保水泵能够恢复正常工作。

（四）水泵出水无力、流量小

当水泵输出功率低且转子转动无力时，首先需要将水泵取出，检查转子是否能灵活转动。如果在通电后转子能够转动，接下来应拆开水泵进行详细检查。检查可能会发现，水泵下端的轴与轴承之间存在松动，并且转子位置下移，这通常是导致转动无力的原因之一。为了解决这个问题，可以在转子与轴承之间加装合适大小的垫圈，以此调整转子上移至正确位置。完成这些调整并重新安装水泵后，试运行以验证问题是否已经解决。通常，这种调整可以有效地排除转动无力的故障，恢复水泵的正常运行效率。

第三节　喷灌设备的应用与维护

喷灌，也称为喷洒灌溉，是一种通过使用专用设备（如动力机、水泵、管道等）来进行灌溉的方法。喷灌时，水被加压或利用自然落差产生压力，通过管道输送到灌溉区域，并通过喷头将水喷射到空中，形成细小的水滴，这样可以均匀地分布在田间。喷灌是一种高效的节水灌溉方式，涉及的设施能有效实现水资源的合理利用和分配。

一、喷灌设备的组成

通常，喷灌设备由水源工程、水泵和动力机、管道系统、喷灌机及附属工程、附属设备等组成。

（一）水源工程

喷灌设备在解决水源问题上与地面灌溉系统类似，必须确保整个生长季节内有可靠的水源供应。常见的水源包括河流、渠道、水库、塘坝、湖泊、机井和山泉等。喷灌设备对水源的要求包括足够的水量和符合农田灌溉水质标准（GB 5084—92）的水质。

在规划和设计喷灌设备时，尤其是在山区或地形变化较大的区域，应充分利用水源的自然水头来进行自压喷灌。选择合适的地形和高点建设水池，可以有效控制较大的灌溉面积。在水量不足或水质不符合要求的地区，则需要建设水源工程，通过水源工程可以实现水源的蓄积、沉淀和过滤，以确保水源的质量和数量满足灌溉需要。

(二)水泵和动力机

喷灌设备需要利用有压力的水进行喷洒作业。通常通过水泵来提升水的压力，并将其输送至各级管道和喷头中。水泵需满足喷灌系统对压力和流量的特定需求。一般使用的卧式单级离心泵，其扬程通常为 30~90 m。对于深井水源，则常采用潜水电泵或射流式深井泵。在需要大流量且压力较低的情况下，可以使用扬程变化小且效率高的混流泵。对于移动式喷灌系统，经常使用自吸离心泵或带自吸或充水装置的离心泵，有时也采用自吸性能良好的单螺杆泵。

动力设备的选择包括电动机、柴油机、小型拖拉机和汽油机等。在有电供应的地区，优先选择电动机作为动力源。在电力供应不便的地区，则可能需使用柴油机、汽油机或拖拉机。轻便型喷灌设备通常配备喷灌专用的自吸泵以便于移动；而大型喷灌项目则常采用分级加压系统来降低工作压力，以提高系统效率。

(三)管道系统

喷灌设备的管道通常分为干管、支管以及可能的分支管三个级别，以便有效地将经水泵加压或自然压力的灌溉水输送到田间。管道需要配备足够数量的管件和竖管，以确保系统的完整性和功能性。由于管道的主要作用是输送水流，因此必须设计为能承受一定的压力并容纳相应的流量。

为了确保喷灌设备的安全高效运行，需要在管网中安装各种安全装置，如进排气阀、限压阀和泄水阀等。此外，管道系统还需要配备各种连接和控制附属配件，包括闸阀、三通、弯头以及其他类型的接头。在干管或支管的进水阀后，还可以根据需要接入施肥装置，以便在灌溉的同时进行施肥，进一步提高农作物的生长效率。

(四)喷灌机

喷灌机是一种独立的田间移动灌溉设备，可以在大面积的农田中自由移动进行喷灌作业。为了使喷灌机正常工作，需要在田间布置供水系统，包括明渠、无压管道或有压管道，以确保喷灌机能够获取足够的水源。

喷灌机的核心部件是喷头，主要负责将加压的水流喷射到空中，形成细小的水滴，进而均匀地分布在受控的灌溉区域。根据其结构形式，喷头可以分为三类：旋转式喷头、固定式喷头和孔管式喷头。

(1) 旋转式喷头。

旋转式喷头，也称射流式喷头，是目前最常见的一种喷头类型。旋转式喷头通常由喷嘴、喷管、转动机构、扇形机构、弯头、空心轴和轴套等部件组成。其中，扇形机构和转动机构是旋转式喷头的关键组成部分。基于转动机构的特点，旋转式喷头通常可分为摇臂式喷头、叶轮式喷头、齿轮式喷头和反作用式喷头等，这些喷头因其能有效地将水分散成雨滴状，被广泛应用于各种农业灌溉中。

（2）固定式喷头。

固定式喷头在喷灌过程中，所有部件固定不动，水流以全圆或扇形同时向四周散开，水流分散。固定式喷头具有射程小（5～10 m）、喷灌强度大（15 mm/h 以上）、水滴细小、工作压力低等优点。固定式喷头主要有折射式喷头、缝隙式喷头和离心式喷头 3 种。

（3）孔管式喷头。

孔管式喷头以小管作为灌水器，水滴的破碎主要是通过空气阻力和喷孔出的水压作用。孔管式喷头由一根或几根较小直径的管子组成，在管子的顶部分布有一些小喷孔，喷水孔直径仅为 1～2 mm。水流是朝一个方向喷出，并装有自动摇摆器。孔管式喷头工作压力为 100～200 kPa，喷洒面积小，喷灌强度大（可达 50 mm/h），水滴直径小，对作物叶面打击小，可实现局部灌溉。喷水带（微喷带）是孔管式喷头的一种，可分为单孔管、双孔管、多孔管。

孔管式喷头结构简单、成本较小、安装方便、技术要求相对其他喷头要低，同时喷头压力较低，容易实现和应用。但是孔管式喷头的水舌细小，受风影响大，由于工作压力低，支管上实际压力受地形起伏的影响较大，通常只能应用于比较平坦的土地。此外，孔口太小，堵塞问题也非常严重，因此孔管式喷头的使用范围受到很大的限制。

（五）附属工程、附属设备

在喷灌设备中，还需配置一些附属工程和设备以保证系统的高效运行和安全。例如，从河流、湖泊或渠道取水时，应设置拦污设施来阻挡杂物；在灌溉季节结束后，为了安全过冬，应将管道中的水排空，这需要安装泄水阀；为了监控喷灌系统的运行状况，水泵的进出水管路上应安装真空表、压力表和水表；此外，在管道系统中还应设置必要的闸阀，便于进行水流调配和系统检修。考虑到喷灌系统的综合利用，如喷洒农药和施肥，应在干管或支管的上端安装相应的调配和注入设备。

二、喷灌设备的维护

在使用农田喷灌设备过程中，应该综合考虑多种因素以确保灌溉效率和作物生长需求得到满足。首先，地形和灌溉面积的大小是选择喷灌机组和喷头的重要依据。其次，不同作物及其各个生长阶段对水的需求也大不相同，这需要在喷灌设备的设计与应用中得到充分考虑。

此外，喷灌设备的正确安装、调整、使用和保养对保证灌溉作业的质量至关重要。动力机械和水泵的维护不仅影响设备的正常运行，也直接关系到灌溉效果和作物产量。因此，采取适当的维护措施，定期检查和调整喷灌系统，是确保农田喷灌设备长期有效运行的关键。

（一）管路系统的布置

在使用农田喷灌设备时，正确的管路系统布置是至关重要的。这需要综合考虑如水源位置、地形地势、主要风向风速、现有水利设施、作物布局及耕作方向等因素，以便在经济和技术层面上做出最佳选择。

（1）泵站设置。泵站应位于喷灌设备的中心位置，尽量靠近水源，以减少输水过程中的损失。

（2）干管布置。干管应尽量布置在灌区的中心位置。对于坡地，干管应沿主坡方向布置；在风大的区域，应考虑沿主风向布置。干管的埋设深度应超过60 cm，在冻土层深的地区则需要增加埋深。

（3）支管布置。支管应与干管垂直，并尽可能与耕作方向一致。在坡地上，支管应沿等高线布置，支管间距应根据所选喷头的射程和配置方案来确定。

（4）竖管设置。竖管的布置应根据喷头的组合形式进行，通常高出地面1.3~1.5 m。根据作物高度或风力情况，可能需要适当调整竖管的高度。

此外，喷头的合理配置对喷灌的效果至关重要，直接关系到喷洒的质量。喷头配置时，需要确保各喷头的喷洒面积有足够的重叠，以避免漏喷。通常采用的喷洒方式为全圆喷洒，但考虑到风力、水土保持需求以及特定区域的喷洒需求，有时也会采用扇形喷洒。

（二）喷头的配置

喷头的配置对喷灌的效果至关重要，因为它直接影响水分的均匀分布和覆盖范围。在配置喷头时，关键是确保各喷头的喷洒面积与周边喷头的喷洒面积有充分的重叠，这样可以避免漏喷的现象。通常采用的喷洒方式是全圆喷洒，该方式特点是喷头间距较大，因此喷灌强度较低；然而，受风力影响、水土保持需求、特定区域（如地边地角）的喷洒需求，以及移动机组的行走路线等因素的影响，有时也采用扇形喷洒方式。

在固定点喷灌设备中，喷头的配置应遵循以下基本原则：确保喷洒区域无空白，实现高度均匀的水分分布。常见的喷头配置组合形式包括以下几种。

（1）全圆喷洒正方形组合。在全圆喷洒正方形组合中，支管间距和沿支管方向的喷头间距均为喷头射程的1.42倍，有效控制面积是喷头射程平方的2倍。

（2）全圆喷洒正三角形组合。在全圆喷洒正三角形组合中，支管间距为喷头射程的1.5倍，沿支管方向的喷头间距为1.73倍，有效控制面积为喷头射程平方的2.6倍。

（3）扇形喷洒矩形组合。在扇形喷洒矩形组合中，支管间距为喷头射程的1.73倍，沿支管方向的喷头间距为1倍，有效控制面积为喷头射程平方的1.73倍。

（4）扇形喷洒等腰三角形组合。在扇形喷洒等腰三角形组合中，支管间距为喷头射程的1.856倍，沿支管方向的喷头间距为1倍，有效控制面积为喷头射程平方的1.856倍。

尽管全圆喷洒的正方形和正三角形组合提供了最大的有效控制面积，风力的影响可能会影响喷灌的均匀性。因此，根据风力大小和对均匀性的需求，有时也会选择扇形喷洒的矩形和等腰三角形组合，以适应不同的环境条件。

（三）喷头的调整

在使用喷灌设备时，喷头的调整至关重要，以确保灌溉的效率和均匀性。

1. 喷孔口径的调整

通过更换不同的备用喷嘴，可以调整喷孔口径的大小，从而影响喷头的喷水量、水滴直径和射程。根据喷头的工作压力以及对水滴直径和射程的具体需求，适当调整喷孔口径可以实现预期的灌溉效果。

2. 喷枪旋转速度的调整

喷枪的旋转速度可以通过调整导流板的位置和摇臂弹簧的扭紧程度来控制。导流板的吃水深度越深，摇臂弹簧的扭力越大，使摇臂对喷管的敲击力增强，从而加快旋转速度。然而，过快的旋转速度可能会减少射程，而过慢的速度可能导致局部积水和径流。因此，应在避免产生径流的前提下，尽量保持喷枪的旋转速度较慢，以优化喷洒效果。

3. 扇面角大小及方位的调整

通过改变轴套上的两个限位销的位置，可以调整扇面角的大小和方位。这种调整允许控制喷灌旋转的两个极限位置，确定扇面喷灌的方向和覆盖范围。实际操作中，应根据具体的作业地块条件和需求进行适当的调整，以确保灌溉的均匀性和有效性。

（四）喷灌设备的运行和维护要点

在使用喷灌设备时，正确的操作步骤和注意事项对确保系统的运行效率和安全至关重要。

1. 启动前的检查和操作

在启动水泵之前，确保干管和支管上的所有阀门均已关闭。启动水泵后，待水泵达到额定转速再逐渐缓慢打开总阀及所需喷灌的支管阀门。这样做有助于保护水泵在较低负载下启动，避免超载及减少因水锤现象可能引起的管道震动。

2. 运行中的压力监测

在干管的水泵出口、干管最高点和离水源最远点安装压力表，支管上也应在接近干管的第一个喷头处、最高点和最末端喷头处安装压力表。监控确保干管的水力损失和支管的压力下降均不超过经济可接受的限度。

3. 监测喷嘴的喷灌强度

持续监测喷嘴的喷灌强度，确保土壤表面不出现径流或积水。如果喷灌强度过大，应适时降低工作压力或更换直径较小的喷嘴，以减少喷灌强度。

4. 灌水均匀度的观测

必要时，在喷洒区域均匀布置雨量筒，测算喷灌的组合均匀度，该值应达到或超过0.8。在风力较大时，应选择无风或风力较小的时段进行喷灌，或者缩短喷头间距离，采用顺风扇形喷洒方式，以减少风力对喷灌均匀性的影响。风力达到三级及以上时，应暂停喷灌。

5. 严格遵守操作规程并注意安全

防止水流直接喷射到带电线路上，并在移动管道时避开电线，以防漏电事故。

6. 设备的保护和移动

移动设备时应轻拿轻放，严格按照操作规程操作。移动软管时应将其卷起，避免在地面上拖动，以免损坏设备。

掌握喷灌设备的运动和维护要点，不仅可以提升喷灌系统的效率，还能大大增加操作的安全性，保证作业的顺利进行。

三、喷灌设备的常见故障及排除

在喷灌设备的使用过程中，可能会遇到各种故障，影响正常的灌溉作业。了解这些常见故障及其排除方法是提高作业效率和延长设备使用寿命的关键。以下是一些常见的喷灌设备故障以及相应的排除策略。

（一）出水量不足

原因：①进水管的滤网或自吸泵的叶轮堵塞；②扬程过高或转速过低；③叶轮环口处漏水。

排除方法：①清理滤网或叶轮上的堵塞物；②检查并适当降低扬程或增加泵的转速；③更换叶轮环口处的密封圈以防止漏水。

（二）输水管路漏水

原因：输水管路的快速接头密封圈可能因磨损或裂纹而出现泄漏，或者接头接触面上有污物。

排除方法：更换已磨损或有裂纹的密封圈，或者清洁接头接触面上的污物以保证密封性。

（三）喷头不转动

原因：①摇臂安装角度不正确，安装高度不足，或摇臂松动；②弹簧过紧；③流道堵塞或水压过小；④空心轴与轴套间隙太小。

排除方法：①调整摇臂和导水板至正确位置；②调整摇臂弹簧的紧张度；③清除流道中的堵塞物，调整工作压力；④必要时更换或调整空心轴和轴套。

（四）喷头工作不稳定

原因：①摇臂安装位置不正确；②摇臂弹簧调整不当或摇臂轴松动；③换向器失效或摇臂轴磨损严重；④换向器摆块突起高度过低或摩擦力过大。

排除方法：①重新调整摇臂的安装位置和高度；②调整或更换摇臂弹簧，紧固摇臂轴；③更换或调整损坏的换向器；④调整摆块高度和润滑以减少摩擦。

（五）喷头射程小，喷洒不均匀

原因：①摇臂打击频率过高；②摇臂高度设置不当；③工作压力过小；④流道堵塞。

排除方法：①调整摇臂弹簧以改变打击频率；②调整摇臂的安装高度以适应不同的压力和流量要求；③增加工作压力；④清除流道中的堵塞物。

在处理喷灌机设备的常见故障时，始终遵循设备制造商的维护手册和安全指南是非常重要的。定期维护和检查喷灌系统可以预防许多问题的发生，确保灌溉系统的高效和稳定运行。正确的操作和及时的维护不仅可以提高灌溉效率，还可以延长设备的使用寿命，从而为农业生产带来更大的经济效益。

第四节　滴灌设备的应用与维护

一、滴灌设备的组成

滴灌是一种将水直接滴入作物根部附近土壤的灌溉方式，通过安装在毛管上的滴头、孔口或滴灌带等设备实现。滴灌的特点是水流量小，水滴缓慢渗入土壤，使得除了滴头正下方的土壤处于饱和状态外，其他区域的土壤水分保持非饱和状态，水分主要通过毛细作用进行入渗和扩散。滴灌系统通常包括四个主要部分：水源工程、首部枢纽、输配水管网和滴头。

(一)水源工程

水源工程可以使用河流、湖泊、塘堰、沟渠、井泉等作为水源，前提是水质符合滴灌的要求。为了高效利用各种水源，通常需要建设相应的引水、蓄水、提水及输配电工程。

(二)首部枢纽

首部枢纽是滴灌系统的核心，负责驱动、检测和控制。首部枢纽的主要设备包括水泵及动力机、过滤器、施肥装置、控制阀门、进排气阀、压力表、流量计等，它们的作用是取水、加压、过滤并将水输送到输水管网中，同时通过监测设备来检测系统的运行状态。

(三)输配水管网

输配水管网的任务是将经过首部枢纽处理的水分配到每个灌水单元和灌水器。管网分为干管、支管和毛管三级，毛管作为末级管道，上面安装或连接灌水器。

(四)滴头

1. 长流道型滴头

长流道型滴头通过流道管壁的摩擦消能来调节出水量。

2. 孔口型滴头

孔口型滴头利用孔口出流造成的局部水头损失来消能。

3. 涡流型滴头

涡流型滴头利用进入灌水器的水流在涡室内形成涡流来消能，通过旋转产生的离心力和涡流中心的低压区调节出水量。

4. 压力补偿型滴头

压力补偿型滴头依靠水流压力作用于滴头内的弹性体，改变流道形状或过水断面面积，从而在不同压力下自动保持出水量稳定，并具有自清洗功能。

滴灌设备的组成部分和设备共同确保滴灌系统能有效、均匀地向作物提供所需的水分，同时节约水资源并提高灌溉效率。

二、滴灌设备的田间布置

(一)毛管和滴头布置

毛管和滴头的布置是根据多种因素综合决定的，包括作物种类、种植方式、土壤类型、当地风速、降雨情况以及所选择的滴头类型等。此外,还需要考虑施工和管理的便利性、对田间农作物的影响以及经济因素。

1. 条播密植作物

大部分作物如棉花、玉米、蔬菜和甘蔗等属于条播密植作物,这类作物通常需要较高的湿润比例,一般建议大于60%。对应地,毛管和滴头的使用量也较多。毛管通常沿作物行方向布置,而滴头则均匀分布在毛管上,喷头间的距离一般设置在0.3~1.0 m。毛管的具体布置方式有两种。

(1) 每行作物一条毛管:适用于作物行间距超过1 m的情况,或在质地较轻的土壤中(如沙壤土、沙土),使用此方式可以确保每行作物得到足够的水分。

(2) 每两行或多行作物一条毛管:当作物行间距较小(通常小于1 m)时,适宜采用此方式。对于行间距小于0.3 m的情况,建议多行作物共用一条毛管。

注意: 在土壤沙性较严重的区域,应考虑缩小毛管间的距离,以保证水分均匀分布,避免水分过快渗透导致的不均匀灌溉。这种布置有助于滴灌系统更有效地向作物提供必要的水分,同时提高水资源的利用效率。

2. 果园

果树的种植间距变化较大,从0.5 m×0.5 m到6 m×6 m,因此毛管和滴头的布置方式也很多。

(1) 一行果树布置一条毛管:当树形较小,土壤为中壤以上的土壤时,采用一行果树布置一条毛管比较适宜。滴头沿毛管的间距为0.5~1.0 m,视土壤情况而定,一般要求能形成一条湿润带。这种布置方式节省毛管,而灌水器间距较小,系统投资低。在半干旱地区作为补充灌溉形式能够满足要求。

(2) 一行果树布置两条毛管:当树行距较大(一般大于4 m),土壤为中壤以上的土壤时,采用一行果树布置两条毛管形式较适宜;或当果树行距小于4 m,但土壤沙性较严重时,可考虑一行果树布置两条毛管。在干旱地区,果树完全依赖灌溉时,受湿润区域的限制,根系发育也呈条带状,当风速较大时,宜采用这种布置方式。

(3) 曲折毛管和绕树毛管布置:当果树间距较大(一般大于5 m)或在极干旱地区,也可考虑曲折毛管和绕树毛管布置形式。这种布置形式的优点在于,湿润面积近于圆形,与果树根系的自然分布一致。在成龄果园建设滴灌系统时,由于作物根系发育完善,可采用这种布置方式。

(4) 多出流口滴头:能够采用曲折毛管和绕树毛管的地方,也可采用多出流口滴头,或多个滴头用水管分流的布置方式。

(二) 干管和支管布置

干管和支管的布置取决于多个因素,包括地形、水源位置、作物的分布以及毛管的布局。布置这些管道时，应考虑到便于管理和尽量减少工程成本的需求。

（1）在地形较为复杂的山丘地区，干管通常沿山脊或等高线布置，这样做有助于利用地形自然的倾斜，促进水流。相应地，支管则垂直于等高线布置，从而向两侧的毛管有效分配水源。

（2）在相对平坦的平原地区，干管和支管的布置应尽量实现双向控制，即在两侧布置下级管道，这种布置方式可以有效节省管材使用量，同时也便于管道系统的维护和管理。这种双向布置策略不仅提高了灌溉系统的效率，还有助于降低整体的建设和运营成本。

（三）首部枢纽布置

一个滴灌系统的正常、便捷和安全运行，以及其效益的最大化，不仅取决于灌水器的精确选择，更在于对首部枢纽的严格挑选。需要特别指出的是，首部枢纽中的过滤器是滴灌系统中至关重要的组成部分。过滤器的有效性直接影响灌水器的正常运作。如果过滤器发生故障，可能在极短的时间内导致成千上万的灌水器发生堵塞，这将严重影响滴灌系统的功能，甚至可能导致整个系统的报废。因此，在设计和实施滴灌系统时，选用高效可靠的过滤器是确保系统长期稳定运行的关键。

1. 过滤器的选择

选择过滤器主要考虑以下原则。

（1）过滤精度满足滴头对水质处理的要求。滴头供应商应该提供所供应的滴头对水质过滤精度的要求，设计者根据供应商所提供的要求选择适当精度的过滤器。

（2）应根据制造商所提供的清水条件下流量与水头损失关系曲线，选择合适的过滤器品种、尺寸和数量，使过滤器水头损失比较小，否则会增加系统压力，使运行费用增加。

（3）储污能力强。除选用自清洗式过滤器外，在选择过滤器时应根据水源含杂质情况，选择不同级别、不同品种的过滤器，以免过滤器在很短时间内堵塞而频繁冲洗，使运行管理非常困难。一般要求过滤器清洗时间间隔不少于一个轮灌组运行时间。

（4）耐腐性好，使用寿命长。塑料过滤器，要求外壳使用抗老化塑料制造。金属过滤器要求表面耐腐蚀不生锈。过滤芯材质宜为不锈钢，外壳可采用可靠的防腐材料喷涂。

（5）运行操作方便可靠。对于自清洗式过滤器要求自清洗过程操作简便，自清洗能力强。对于人工清洗过滤器，要求滤芯取出、清洗和安装简便，方便运行。

（6）安装方便。选用过滤器时，应选择能够配套供应各种连接管件的供应商，使施工安装简便易行。

2. 首部枢纽布置的选择

当水源距灌溉地块较近时，首部枢纽一般布置在泵站附近，以便运行管理。

三、滴灌设备的安装与调试

作物的生物学特征各异，栽培的株距、行距也不一样，为了达到灌溉均匀的目的，所要求滴灌带滴孔距离、规格、孔洞一样。通常滴孔距离15 cm、20 cm、30 cm、40 cm，常用的有20 cm、30 cm。这就要求滴灌设施实施过程中，需要考虑使用单条滴灌带端部首端和末端滴孔出水量均匀度相同且前后误差在10%以内的产品。在设计施工过程中，需要根据实际情况，选择合适规格的滴灌带，还要根据这种滴灌带的流量等技术参数，确定单条滴灌带的铺设最佳长度。

（一）滴灌设备安装

1. 灌水器选型

大棚栽培作物一般选用内镶滴灌带，规格16 mm×200 mm或16 mm×300 mm，壁厚可以根据需求选择0.2 mm、0.4 mm、0.6 mm，滴孔朝上，平整地铺在畦面的地膜下面。

2. 滴灌带数量

根据作物种植要求决定每畦铺设的条数，通常每畦至少铺设一条，两条最好。

3. 滴灌带安装

棚头横管用25管，每棚一个总开关，每畦另外用旁通阀。在多雨季节，大棚中间和棚边土壤湿度不一样，可以通过旁通阀调节灌水量。

铺设滴灌带时，先从下方拉出。由一人控制，另一人拉滴灌带，当滴管带略长于畦面时，将其剪断并将末端折扎，防止异物进入。首部连接旁通或旁通阀，要求滴灌带用剪刀裁平，如果附近有滴头，则剪去不要，把螺旋螺帽往后退，把滴灌带平稳套进旁通阀的口部，适当摁住，再将螺帽往外拧紧即可。将滴灌带尾部折叠并用细绳扎住，打活结，以方便冲洗（采用堵头堵塞也可以，只是在使用过程中受水压泥沙等影响，不容易拧开冲洗，直接用线扎住方便简单）。

把支管连接总管，三通出口处安装球阀，配置阀门井或阀门箱保护。整体管网安装完成后，通水试压，冲出施工过程中留在管道内的杂物，调整缺陷处，然后关水，滴灌带上堵头，25管支管上堵头。

（二）滴灌设备使用技术

1. 滴灌带通水检查

在滴灌受压出水时，正常滴孔的出水是呈滴水状的，如果有其他洞孔，出水是呈喷水状的，在膜下会有水柱冲击的响声，所以要巡查各处，检查是否有虫咬或其他机械性破洞，发现后及时修补。在滴灌带铺设前，一定要对畦面的地下害虫或越冬害虫进行一次灭杀。

2. 灌水时间

初次灌水时，由于土壤团粒疏松，水滴容易直接往下顺着土块空隙流到沟中，没能在畦面实现横向湿润。所以要短时间、多次、间歇灌水，让畦面土壤形成毛细管，促使水分横向湿润。

瓜果类作物在营养生长阶段，要适当控制水量，防止枝叶生长过旺影响结果。在作物挂果后，滴灌时间要根据滴头流量、土壤湿度、施肥间隔等情况决定。一般在土壤较干时滴灌 3～4 h；而当土壤湿度居中，仅以施肥为目的时，水肥同灌约 1 h 较合适。

3. 清洗过滤器

每次灌溉完成后，需要清洗过滤器。每 3～4 次灌溉后，特别是水肥灌溉后，需要把滴灌带堵头打开冲水，将残留在管壁内的杂质冲洗干净。作物采收后，集中冲水一次，收集备用。如果是在大棚内，只需要把滴灌带整条拆下，挂到大棚边的拱管上即可，下次使用时再铺到膜下。

四、滴灌设备的常见故障及排除

（一）管道发生断裂

农田滴灌设备的管道断裂通常由几个关键因素引起，解决这些问题需要针对具体情况进行细致分析和合理处理。

1. 管材质量问题

问题：使用了质量不符标准的管材。

解决方法：在采购管材时需严格检查其质量，确保所有材料都达到所需的标准，避免因质量问题引发更大的损失。

2. 地基下沉不均匀

问题：地基下沉不均匀可能导致管道承受不均等的压力，从而破裂。

解决方法：对出现下沉的地基进行挖掘和详细检查，必要时对地基进行加固处理以保证其稳定性。

3. 温度和应力影响

问题：管道可能因为外部温度变化或施工中的应力不当处理而破裂。

解决方法：施工时确保管道的覆土深度适当，特别是在管道经过涵洞或有悬空部分的地区，必须确保侧向和下方的土深满足安全标准。在管道的开挖、地基处理、铺设安装、试压和回填等工序中严格按照规范执行，确保施工质量。通过淤泥地段的管道需要特别加固以防止破裂。

通过以上方法，可以显著减少滴灌系统中管道破裂的风险，保证系统的稳定运行。

（二）管道出现砂眼

原因：通常是由于管材制造过程中的缺陷所致。

解决方法：首先，使用100目的砂布在砂眼周围打磨，制造粗糙表面以增强黏合剂的附着力。其次，在打磨过的区域和对应的新管片内侧涂抹黏合剂，覆盖砂眼并仔细调整位置以确保黏合均匀，稍等片刻使黏合剂固化后即可达到修复效果。

（三）停机时水逆流

原因：由进、排气阀损坏或安装位置不当引起，导致管道产生负压。

解决方法：检查并诊断进、排气阀的具体问题，必要时拆卸并更换损坏的阀门，或者调整阀门的安装位置以消除负压情况。

（四）滴水不均匀

原因：由于滴头堵塞、供水压力不足或管路支管布局不合理。

解决方法：

(1) 检查并清理或更换堵塞的滴头，确保水流通畅。

(2) 调整供水系统的压力，以确保足够的供水压力达到远端。

(3) 重新评估和调整管路支管的布局，特别是在地形变化导致的逆坡情况，按照地形适当调整支管的坡度或重新布置支管路线，以优化水流分布。

（五）过滤器堵塞

(1) 原因：进水水质差，导致过滤器频繁堵塞。

解决方法：应定期检验水源的水质，并考虑预处理措施以改善进水条件。

(2) 原因：过滤器老化和脏物积累，长时间使用导致脏物积累。

解决方法：应定期拆卸和清理过滤器，必要时更换新的过滤器以保持其有效运作。

（六）滴头堵塞

(1) 物理原因：水中含有泥沙、杂质等物理颗粒。

解决方法：使用高压水清洗滴头，以去除内部堵塞的泥沙和杂物。

(2) 化学原因：水中铁、锰、硫等化学成分反应生成难溶物质。

解决方法：可采用酸洗方法来解除这些化学沉积物。

(3) 生物原因：水中的藻类、真菌等微生物生长导致滴头堵塞。

解决方法：使用加氯处理可以有效清除这些生物沉积物。

针对这些问题，维护时应根据具体原因选择合适的处理方法，以确保滴灌系统的高效和稳定运行。

第六章　植保机械的应用与维护技术

植保机械，也称施药机械，是农林生产中重要的设备，主要用于化学方式防治作物的病虫草害。植保机械在农林业生产中扮演着关键角色，是确保丰产丰收的重要措施之一。为了在植物保护中达到经济且有效的目的，应综合运用各种防治技术，并充分利用植保机械的功能，实施"预防为主，综合防治"的策略。"预防为主，综合防治"的核心是在病虫草害形成威胁之前将其消除，防止其演变为更大的灾害，这样不仅提高了植物保护的效率，也保护了农作物的健康和产量。

第一节　植保机械概述

一、植物保护的方法

农业技术防治法通过采用适当的农业技术来消除病虫害，包括选择抗病虫的作物品种、科学施肥、优化栽培方法、实施合理的轮作以及改良土壤等。

生物防治法是通过利用病虫害的自然天敌来控制害虫数量，常见的有瓢虫和赤眼蜂等生物天敌。

物理防治法包括使用物理手段和工具来直接消灭病虫害，如使用机械捕捉、果实套袋、紫外线照射、超声波振荡及高速气流吸虫机等。

化学防治法是通过使用化学药剂来消灭病虫草害，此方法的特点是操作简便、速效、高效，且受地域和季节影响较小，但对环境和生态可能造成破坏。具体的化学药剂施用方式主要有以下几种。

（一）喷雾法

喷雾法是指使用高压栗和喷头将药液雾化成 $100\sim300~\mu m$ 的雾滴，可手动或机动操作，具有雾滴细小、分布均匀的特点。

（二）弥雾法

弥雾法是指通过风机产生高速气流，将粗雾滴细化成75～100 μm，并能将雾滴吹送到较远距离。

（三）超低量法

超低量法是指通过高速旋转的齿盘将药液甩出，形成15～75 μm的雾滴。超低量法不需加水稀释，也称为超低容量喷雾。

（四）喷烟法

喷烟法是指利用高温气流使预热的烟剂热裂变成1～50 μm的烟雾，随高速气流吹送至远处。

（五）喷粉法

喷粉法是指使用风机的高速气流将药粉均匀喷洒到作物上。

化学防治法的施用方式各有优势和适用情况，应根据具体的农业生产需要和环境保护要求谨慎选择适当的防治策略。

二、植保机械作业的农艺技术要求

植保机械设计和使用时应考虑以下关键性能要求，以确保能有效应对各种农业、园艺和林业场合的植物保护需求。

（1）多功能性：植保机械应具备适应不同作物、不同生态环境及各种自然条件下的植物病虫草害防治能力。这要求机械能够灵活调整，适应广泛的作业环境和目标。

（2）适应多种剂型：植保机械应能有效处理和施用各种形态的化学农药，包括液体、粉剂和颗粒等。同时，需要确保这些药剂能够均匀分布在所需的施药部位，确保覆盖面广且均匀。

（3）高附着率与低漂移损失：植保机械在施药过程中应确保高效的药剂附着率和最小的漂移损失，以提高农药的利用效率和防治效果。这不仅增强了防治效果，同时也减少了对环境的潜在负面影响。

（4）植保机械应有较高的生产效率和较好的使用经济性、环保性和安全性，减少农药对环境的污染和对人体的危害。

（5）适时防治，贯彻"预防为主，综合防治"的方针，把病虫草害消灭在为害之前。

满足以上要求，植保机械能够更有效地应对复杂多变的农业生产条件，同时也促进了农药使用的经济性和环境友好性。

三、植保机械施药的技术规范

只有采用正确的施药方法,才能使喷洒出去的农药尽可能地落到生物(病虫草)上,不仅提高了施药作业质量和农药有效利用率,而且还会显著降低农药施用对环境的影响,减轻操作者自身被农药污染的程度,进而提高植物病虫草害防治能力,促进农业稳定发展和持续增收。

影响施药安全性、环保性和施药质量的主要因素有施药方法、施药器械、喷洒药液的物理性状和施药时的环境条件等。

(一)施药前的技术规范

1. 确定有害生物种类和为害程度

在进行施药操作前,首先必须进行仔细的田间有害生物检查,这包括确认田间和周边作物的病虫草害种类及其为害程度。根据检查结果,应选择最合适的防治策略。

(1)田间检查:认真识别作物受害情况和有害生物的种类,评估其为害程度和分布范围。

(2)选择防治方法:根据检查结果,优先考虑使用农业、物理和生物防治方法,这些方法更加环保,且能有效减少对生态环境的破坏。

(3)化学防治:仅当其他方法无法有效控制病虫草害时,才考虑使用化学药剂。化学防治虽然效果快速,但应谨慎使用,以降低对环境和非目标生物的影响。

2. 选择农药

根据不同作物的不同生长期,不同病虫草害,选择正确的农药及剂型。确定防治对象,确定对作物的安全性,确定适合收获安全间隔期,确定对家畜、有益昆虫和环境的安全性。购买农药时应查看标签,标签上应注明农药名称、企业名称、农药三证及有效成分、含量、质量。

3. 看天气施药

田间温、湿、雨、露、光照和气流等气象因素复杂多变,对农药的运动、沉积、分布会产生很大影响,从而影响防治效果,建议在微风条件下用药,在降雨来临时不宜施药。

4. 选择机具

根据作物品种、生育期、病虫草种类,确定农药及剂型后应选择适宜的机具。施药前应在机具装上不含农药的水进行试喷、检查各部件是否灵活、雾滴是否均匀,有无"跑、冒、漏"现象。发现问题,应及时检修、调整、校正。

5. 选择施药方法

（1）使用胃毒性杀虫剂时，要求喷雾药液充分覆盖作物。

（2）使用触杀性杀虫剂时，应将喷头对准害虫喷洒或充分覆盖作物，使害虫活动时接触药剂死亡。对于栖歇在作物叶背上的害虫（如蚜虫、红蜘蛛），应采用叶背定向喷雾法。

（3）使用内吸性杀虫剂时，应根据药剂内吸传导特点，可以采用株定向喷雾法喷洒药液。

（4）使用触杀性除草剂时，机具喷射部件一定要配置喷头防护罩，喷洒时对准杂草，不得重喷及漏喷。

（5）使用保护性杀菌剂时，应在未被病原菌侵染前或侵染初期施药，要求有效雾滴密度高、覆盖好。

6. 配制农药

配制农药前，配药人员应戴上防护口罩和塑料手套，穿长袖长裤和鞋袜，准备干净的清水备作冲洗手脸之用，用量器按要求量取药液和药粉，不得任意增加用量、提高浓度。

（二）施药后的技术规范

1. 安全标记

施药后应在施药田块插入"禁止人员进入"的警示标记，避免人员误食喷洒农药田块的农产品引起中毒。

2. 残液处理

机具中未喷完的残液应储存在专用药瓶中，并安全带回。使用过的空药瓶和药袋应进行集中收集并妥善处理，禁止随意丢弃，以防环境污染。

3. 机具清洗

每次施药完成后，应在田间对机具进行全面清洗。清洗产生的废水应选择在田间的安全地点进行妥善处理，不得将其带回居民生活区或随意倾倒，以免造成环境污染。

4. 机具保养

防治季节结束后，应使用热洗涤剂或弱碱水彻底清洗机具的重要部件，之后用清水冲洗干净并晾干，最后妥善存放，以保持机具的性能并延长其使用寿命。

5. 操作人员安全防护

操作人员作业全部结束后应及时更换工作服，用肥皂清洗手、脸等裸露皮肤，用清水漱口。

四、植保机械的类型

植保机械的种类繁多，其多样性主要由农药的不同剂型、作物种类的多样性以及各种喷洒方法的需求所决定。植保械从手持式小型喷雾器到拖拉机牵引的大型喷雾机，再到安装在飞机上的航空喷洒装置，形式多样，功能各异。

（一）根据药剂施用方式分类

根据药剂施用方式，植保机械包括喷雾机、弥雾机、超低量喷雾机、喷烟机、喷粉机、土壤处理机、种子处理机以及撒颗粒机等。

（二）根据动力类型分类

根据动力类型，植保机械可分为人力（手动）植保机械、小动力植保机械、拖拉机配套植保机械、自走式植保机械以及航空植保机械等。尤其是航空植保无人机械在发达地区的农业植保中已开始得到应用，能够快速高效地完成大面积的病虫草害防治工作。

（三）根据移动（或携带）方式分类

根据移动（或携带）方式，植保机械可分为机械移动式和人力移动式。机械移动式可分为牵引式、悬挂式和自走式等；人力移动式可分为背负式、手提式、肩挂式、担架式和手推车式等。其中，最常用的是背负式小动力喷雾机和手动喷雾机等。

第二节　背负式动力喷雾喷粉机的应用与维护

背负式动力喷雾喷粉机是一种多用途病虫草害防治机械，更换不同的喷洒部件便可完成气力喷雾、离心喷雾和喷粉作业，是一种轻便、灵活、高效的植物保护机械，主要适用于较大面积农作物病虫草害防治，目前应用较为普遍。

一、背负式动力喷雾喷粉机的组成

背负式动力喷雾喷粉机由发动机、风机、药箱、喷洒部件、机架及操纵机构等组成。

发动机采用二冲程汽油机，额定功率为 1.18 kW。风机由发动机曲轴直接驱动。药液和药粉共用一个药箱。风机出口装有蛇形管和直喷管，当直喷管上安装气力喷头时，可进行气力喷雾（亦称弥雾）；装上离心喷头时，可进行离心喷雾（亦称超低量喷雾）。喷粉时，直接由直喷管喷洒。气力喷雾时水平射程可达 9 m。

二、背负式动力喷雾喷粉机的工作过程

工作时，发动机驱动风机高速旋转，风机产生的大量气流从风机出风口流出，经蛇形管、直喷管，从喷头喷出；少量气流经上风管进入药箱对药液增压，药液在压力作用下，经输液管到气力喷头，从喷头喉管（喷头缩小部分）处的喷嘴周围小孔喷出，喷出的粗液滴被风机产生的强大的气流冲击、破碎，弥散成细小雾滴并吹向远方。

三、背负式动力喷雾喷粉机的正确操作与应用

使用前应认真读懂背负式动力喷雾喷粉机的使用说明书，掌握构造原理和性能，做到正确操作、使用。

（一）基本操作要领

1. 发动机启动前的准备

（1）按汽油机的有关操作方法检查油路系统和点火系统，确保汽油机正常工作。
（2）检查各部连接，紧固情况是否可靠，必要时予以紧固、调整。
（3）检查汽油箱的油量是否充足够用，不足时添加。
（4）检查电器设备各接头连接是否牢固，必要时予以紧固。
（5）摇转曲轴，观察各传动机件是否配合正常，转动灵活，必要时予以调整、润滑。

2. 发动机启动

（1）发动机应在没有负荷的情况下启动。
（2）适当关小化油器的阻风门，打开油路开关，按下浮子室上加油按钮，至浮子室盖溢油。
（3）把启动绳的一端缠在曲轴的启动盘上，另一端握在手内，用力拉动，带动曲轴旋转。不得将拉绳缠绕在手上，以免曲轴反转造成事故。
（4）汽油机发动后，随即调节阻门风低速运转 2 min 预热。低速运转时间也不宜过长，一般不要超过 5 min。在预热过程中，应观察机器运转是否正常。发现问题，停机查明原因，排除故障后，再行启动。

3. 运转与检查

（1）汽油机低速运转 2 min 后，可逐渐提高转速。继续进行预热，当达到工作温度时，再加负荷运转。
（2）注意机器有无"放炮"、敲击或其他不正常的响声，注意电器、电线有无异常的烧焦气味，注意燃油、润滑各系统有无渗漏情况。发现异常，应停机检查，故障排除后，再投入运转。
（3）不得在长期超负荷或冒浓烟的情况下运转。

4. 停机

发动机停止运转前，应先卸去负荷，并降低转速 2 min，降低机温，然后关机。

（二）喷雾作业方法

在开始喷雾作业之前，需先按照下列步骤准备和检查喷雾设备。

1. 组装与调整

根据使用手册指导，组装相关部件，并调整整机至喷雾作业状态。

2. 药液配制

（1）乳剂农药：先在药箱中加入适量清水，再加入农药原液至规定浓度，拌匀后过滤使用。

（2）可湿性粉剂农药：将药粉调成糊状，再加入足够的清水搅拌均匀，并进行过滤。

3. 试喷与检查

在加入药液之前，先用清水进行试喷，检查设备是否有泄漏。

4. 加药操作

（1）初步在药液箱内加入半量的水，随后加入已配制的药液。

（2）继续加水至标准刻线，注意加水速度，避免过快而造成溢出，防止水进入风机壳内或湿润火花塞。

（3）确保添加的药液或水质清洁，以免堵塞喷嘴。

（4）药箱盖在加药后必须紧闭。

5. 作业指南

（1）加药液时，设备可保持运行，但发动机应保持低速状态。

（2）背负机器，调整手油门至发动机稳定运转于额定转速。有经验操作者可以根据发动机声音（呜呜声）判断转速是否达标。

（3）打开手把上的药液开关，调整转芯手把朝喷头方向，按预定速度和路线进行喷雾作业。

确保以上步骤正确执行，可以提高喷雾效率，同时保护设备和环境安全。

（三）喷雾作业的注意事项

喷雾作业进行时，请遵循以下指南以确保作业效果和安全。

1. 喷洒动作

开启喷雾开关后，应持续手动摆动喷管，避免在同一位置过度喷洒，防止药液集中造成药害。

2. 增加喷幅

通过左、右摆动喷管来扩大喷雾范围。同时，要协调前进速度和摆动速度，确保不漏喷，保持作业质量。

3. 控制喷量

通过调整行进速度或改变移动药液开关转芯的角度来控制喷洒的药液量，后者通过改变通道截面积来实现。

4. 天气条件

避免在气流强烈的炎热中午或雨天以及作物表面有露水时喷药，以免药效降低。

5. 特殊植物喷洒

喷洒灌木丛等高叶面作物时，应将喷管口朝下，避免药液上扬，减少药物浪费和环境污染。

6. 观察喷洒情况

由于喷雾雾粒非常细小，难以直视确认喷洒情况。通常，只需观察叶片是否因喷管的风速被吹动，即可判断雾点已经覆盖。

遵循以上注意事项，能有效提升喷雾作业的效率和效果，同时减少不必要的资源浪费和环境影响。

（四）喷粉作业方法

在进行喷粉作业前，正确的机具调整和操作技巧对确保作业的效率和安全至关重要。以下是详细的操作步骤和注意事项。

1. 机具调整

按照使用说明书的指导，将机具调整至喷粉状态。确保药箱装置正确设置，避免在喷施过程中出现故障。

2. 粉剂准备

使用前确保粉剂干燥，无杂草、杂物和结块。在不停机的状态下加药时，确保汽油机处于低速运行，关闭挡风板及粉门操作杆，然后加入药粉，紧旋药箱盖，并打开风门以准备喷施。

3. 操作前的准备

背负机具后，先将手油门调至适宜位置并让其稳定运转片刻，然后调整粉门开关手柄开始喷施。

4. 喷施技巧

在林区进行喷施时，应利用地形和风向进行作业，以提高喷施的覆盖效率和药效。晚间或在作物表面有露水的情况下喷施，通常可以获得更好的效果。

5. 长喷管使用

使用长喷管时,首先展开并固定薄膜在摇把上,轻加油门让长薄膜塑料管吹起(避免转速过高损坏设备)。调整粉门进行喷施,并注意在前进过程中随时抖动喷管,防止喷管末端积粉。

6. 停机操作

操作完成后,首先关闭粉门或药液开关,然后减小油门,让汽油机低速运行3~5 min后关闭油门,以平稳停止汽油机运转。最后放下机器,并关闭燃油阀。

遵守以上作业方法,可以确保喷粉作业的效率和安全,减少药物的浪费并降低对环境的影响。正确的操作也有助于延长设备的使用寿命并维持设备的最佳性能。

四、背负式动力喷雾喷粉机的安全使用注意事项

喷药作业是一项需要高度注意安全和精准度的任务。为确保作业的安全性和有效性,以下是必须遵守的关键要求和步骤。

1. 农药性质和操作规程的理解

操作人员必须充分了解所使用农药的化学性质、安全数据、适用条件以及可能的健康风险。遵循农药的操作规程是保证使用安全的前提。

2. 穿戴适当的防护装备

穿戴橡胶手套、防毒面具、风镜等防护装备,以防止药液与皮肤直接接触或吸入有毒气体。确保所有裸露的皮肤都被遮盖,特别是在处理高毒性农药时。

3. 适宜人员参与

确保伤口未愈合者、哺乳期者和孕妇、未成年人以及身体虚弱者不参与喷药作业,以避免健康风险。

4. 植保机械的维护

检查药液箱和管路确保无渗漏,保持工作压力在规定值内。在进行任何维护或排除故障前,必须释放药液箱内的压力。

5. 作业位置与方法

作业时应站在上风方向,逆风操作,以保护自身免受药物喷雾的影响。避免无关人员进入作业现场,确保作业区域的安全。

6. 施药量和作业时间的调整

根据作物生长阶段和病虫害种类精确调整施药量。选择适宜的天气条件进行喷药,避免在高温或风力强烈的条件下作业。

7. 作业中的健康监控

注意观察作业中的健康状况,如感到恶心、头晕等不适症状,应立即停止作业并寻

求医疗帮助。

8. 停机与故障处理

观察到任何操作异常或机械故障时，应立即停机检查。确保所有设备在继续使用前经过彻底检查和必要的维修。

9. 喷雾方向的控制

喷雾方向应与行进方向垂直，以最大程度减少操作者对药液的直接暴露。

通过严格遵守以上安全操作规程，不仅可以保证作业效率，还能显著降低健康风险和环境污染，保护作业人员及周围环境的安全。

五、背负式动力喷雾喷粉机的维护与保养

（一）日常维护与保养

植保机械每天工作结束后应按下述内容进行保养。

（1）使用植保机械结束后，首先要倒出药箱内残余的药液，并加入少量清水进行喷洒清洗，以确保药箱及其组件尤其是橡胶部件得到彻底清洗。清洗完毕后，将机具存放于通风良好且干燥的地方，避免潮湿和直接日晒。同时，要彻底清理喷雾机表面的油污和灰尘，注意汽油机部分不宜用水直接冲洗，以免损坏机件。

（2）定期检查设备各连接处是否漏水或漏油，发现问题应及时处理。另外，要检查各部位的螺丝固定情况，对于松动或丢失的螺丝，必须及时旋紧或替换。

对于喷斗粉剂的喷雾机，应每日清洗化油器和空气滤清器以维持机器性能。

对于装有长薄膜塑料管的喷雾机，在每次使用后应通过空转 2 min，利用喷管的风力将管内残留粉剂吹净，以防堵塞和腐蚀。

机具保养完毕后应妥善放置，确保远离火源，以防安全事故。

（二）长期维护与保养

对于机动喷雾机，无论是日常使用后的保养还是农闲期的长期存放，都需细心进行以下几项工作以保证其功能和延长使用寿命。

1. 清洗药箱和零件

药箱内残留的药液和药粉会对药箱、风机、输液管等部件产生腐蚀，因此应使用碱水或肥皂水彻底清洗这些部件，之后再用清水冲洗干净。

2. 排除积水并防锈

检查气室内是否有积水，如果有，应拆卸接头排出积水。风机壳清洗干燥后，应涂抹黄油进行防锈处理。

3. 油路清洗

及时清洗油路，将油箱内的汽油放尽，避免起火危险。确保化油器沉淀杯中不残留汽油，防止油针、卡簧等部件腐蚀。

4. 零件清洗与润滑

将机器拆开，仔细清洗并去除各零部件上的油污和灰尘。使用木片刮除火花塞、气缸盖、活塞等部件上的积碳，刮除后应涂抹润滑剂以防锈蚀。

5. 机体维护

清除机体外部的尘土和油污，在活动部件及非塑料接头处涂抹黄油进行防锈处理，脱漆部位应补漆或涂黄油防锈。

6. 安全存放

将机具存放在干燥通风的室内，远离火源以避免橡胶件、塑料件过热变质。

注意：各种塑料件不应受到磕碰和挤压，所有橡胶件应清洗干净后单独存放以避免变形。

六、背负式动力喷雾喷粉机的常见故障及排除方法

（一）发动机不能启动或启动困难的原因及排除方法

当发动机不能启动或启动困难时，通常可以从以下几方面找原因并采取相应的排除方法。

1. 燃料系统问题

检查燃料：确保燃料箱中有足够的燃料。燃料不足或燃料老化都可能导致发动机启动困难。

清洗燃料滤清器：燃料滤清器若被杂质堵塞，将阻碍燃料流向发动机，需要清洗或更换滤清器。

检查化油器：化油器堵塞也会造成启动困难。拆卸化油器，清除积碳和其他沉积物。

2. 点火系统故障

检查火花塞：拧下火花塞，检查其电极是否有积碳，如果有，应清理干净。检查火花塞是否老化，必要时更换新的火花塞。

检查点火线圈：如果火花塞无问题，需要检查点火线圈是否正常工作，使用专用工具测试点火线圈的电阻。

3. 电气系统问题

检查电池：确保电池充满电。电池电量不足会导致启动电机无法正常运转。

检查启动电机：启动电机本身也可能出现故障，如齿轮磨损或电机损坏。

4. 机械故障

检查压缩比：发动机压缩比不足会导致启动困难，可以通过压缩测试仪来测试发动机的压缩力。

检查曲轴、活塞：曲轴或活塞机械故障也会导致发动机难以启动，通常需要专业人员来进行检查和维修。

5. 环境因素

温度影响：在寒冷的天气下，发动机油可能变得黏稠，影响启动。使用适当黏度的机油并保持机油清洁。

解决发动机不能启动或启动困难的问题，通常需要综合考虑上述多个方面的潜在原因，并采取相应的排除措施。在处理这些问题时，如果自行解决困难，建议寻求专业技术人员的帮助。

（二）发动机运转中功率不足的原因及排除方法

发动机运转中如果出现功率不足的情况，常见的原因及排除方法如下。

1. 燃料系统问题

检查燃料滤清器和化油器是否堵塞，确保燃料系统清洁，必要时更换滤清器或清洁化油器。

2. 点火系统故障

检查火花塞是否老化或积碳，必要时更换新的火花塞。同时，检查点火线圈是否工作正常。

3. 进气和排气系统阻塞

检查空气滤清器和排气系统是否有堵塞现象，清理或更换空气滤清器，确保排气系统畅通。

4. 机械损耗

发动机内部如活塞环磨损或阀门调整不当也会导致功率下降，需要检查活塞环和阀门间隙，并适时进行更换或调整。

5. 传动系统问题

检查离合器和变速箱是否正常，传动系统的异常也会导致发动机功率传输不足。

以上问题检查和解决后，应能有效提高发动机的功率输出。如自行解决困难，建议寻求专业技术人员的帮助。

（三）发动机运转不平稳的原因及排除方法

1. 爆燃敲击声

爆燃敲击声通常是因为发动机过热所致。要解决这个问题，应停止使用发动机，让其充分冷却。避免发动机长时间高速运行，确保散热系统（如冷却液、散热器和风扇）工作正常，以防过热。

2. 发动机断火

（1）浮子室问题：如果浮子室中积聚了水分或机油沉积，这会干扰正常的燃油流动，导致发动机断火。应该定期清洗浮子室，去除污物和沉积物。

（2）燃油质量问题：燃油中的水分同样可以引起发动机断火。在这种情况下，需要更换燃油，确保使用的是干净、质量合格的燃油。

对于这些问题的及时检查和维护可以有效避免发动机运行不稳定，确保发动机性能和延长其使用寿命。

（四）发动机运转中突然熄火的原因及排除方法

（1）燃油用尽，加油后再启动使用。

（2）火花塞积炭短路不能跳火使发动机熄火，旋下火花塞清除积炭，重新启动。

（五）喷雾量减少或喷不出雾的原因及排除方法

喷管、开关堵塞，进风阀未打开，发动机转速低，或者药箱盖漏气都有可能造成喷不出雾。应该先旋下清洗干净喷嘴和转芯，然后把风阀打开，再检查胶圈是否垫正，盖严药箱盖，最后重新安装。

（六）喷粉时产生静电的原因及排除方法

喷粉时产生静电主要是因为喷管是塑料制品，药粉滑动与塑料喷管摩擦就会产生静电。可以在两卡环之间连接一根铜线，或者用一根金属线一端接在机架上，另一端接触地面，可减轻静电。

第三节　喷杆式喷雾机的应用与维护

喷杆式喷雾机是一种将喷头装在横向喷杆或竖立喷杆上的机动喷雾机，是以拖拉机为配套动力来完成喷洒作业的。按照与拖拉机连接方式不同，喷杆式喷雾机有悬挂式和牵引式。近年来，随着种植业结构的调整和土地流转步伐加快，土地规模化经营程度不断提高，喷杆式喷雾机被广泛应用，发挥着越来越重要的作用。

一、喷杆式喷雾机作业的农艺要求

在植物保护过程中,喷药操作需谨慎以确保既有效又安全。以下为喷杆式喷雾机作业的农艺要求。

(1)保护植株。在喷药过程中需确保不对植株造成物理伤害,喷雾应及时进行以应对病虫害的发展。

(2)针对性选择农药。根据田间病虫害的具体情况,精准选择农药类型、药量和喷洒次数,并严格遵守药物的安全间隔期以确保作物安全。

(3)药液配比与喷洒。确保药液的浓度和配比准确无误,喷雾量要均匀适宜,雾化效果要良好,以提高药效和降低药害。

(4)调整作业速度。根据药液的浓度和预期用量,调整机械的作业速度,确保药液充分覆盖植株,提升防治效果。

(5)选用合适的农药。针对不同的病虫害和杂草特性选择合适的农药,严格按照作物的需求和推荐剂量进行稀释和使用,避免因浓度过高或过低影响防治效果或造成药害。

二、喷杆式喷雾机作业的操作规程

为确保喷药作业的效果和安全,以下是喷杆式喷雾机作业的操作规程。

(1)调整喷头位置。根据不同作物的种类和生长阶段,调整喷头与作物的相对位置和距离,确保药液在作物上能均匀分布。

(2)选择适宜的喷药天气。优选微风或无风的天气进行喷药,避免在风力较大时喷洒,如有风,应从下风向上风方向开始作业。

(3)合理安排喷药时间。避免在中午前后的高温时段喷药,因上升气流较大,早晨或傍晚是最佳喷药时间。下雨天或露水较重时应避免喷药,以减少药效损失。

(4)严格控制喷药速度与喷幅。保持机组的行进速度和喷幅,确保每个单位面积内的药物用量达到防治需求。

(5)维持喷药口距离。喷药口应与作物保持30~40 cm的距离,防止药液直接接触作物造成伤害。

(6)规划喷药路线。在大面积喷药时,应将田地划分为几个小区域,并依据风向计划喷药路线,使机器的行进方向与风向成垂直或一定角度。

(7)操作人员要正确驾驶操作,确保机组走直走正,不得漏喷和重喷,以免降低防治效果或使作物遭受药害。

(8)喷雾宽度小于喷雾机喷幅时应关闭一部分阀门,以免重喷,发生药害。喷药时,每换一种药都要清洗整个喷雾系统。

三、喷杆式喷雾机的特点

喷杆式喷雾机是在一台喷雾机上配置多个喷头,喷幅宽,药液箱容量大,喷药时间长,药液浓度一致、喷雾均匀,作业效率高,劳动强度小。喷杆式喷雾机适用于大面积单一作物,如大田种植的马铃薯、玉米、小麦、大豆及果园的病虫草害防治,亦可用于喷洒液体叶面肥料等。喷杆式喷雾机的精准性优于航空喷雾,其高效、均匀的优势又是人工手动喷雾和小型动力喷雾无法比拟的。

基于上述特性,喷杆式喷雾机正在成为植保机械中的一种重要机具,并被广泛应用。

四、喷杆式喷雾机的组成

喷杆式喷雾机主要由药液箱、液泵、喷头、防滴装置、搅拌器、喷杆桁架机构和管路控制部件等组成。

(一)药液箱

药液箱是喷杆式喷雾机中用于储存药液的关键组件,其设计容积多样,包括50 L、100 L、200 L、650 L、1 000 L、1 500 L及2 000 L等不同规格。药液箱顶部设有加液口,配有滤网以便于添加药液时过滤杂质。箱体底部的出液口连接着药液输出系统,药液通过此处流出并经过滤器进行二次过滤,以确保送往液泵的药液清洁,防止喷头发生堵塞。药液箱内还装配有回水搅拌管,利用调节回流阀的开度可以控制回流药液的流量,从而调整系统的工作压力,该压力值可以通过压力表直观显示。此外,回流药液还具有搅拌功能,有助于保持药液的均匀性。

部分喷杆式喷雾机采用非传统的动力源,即利用拖拉机上的气泵向药液箱内充气,借助气压推动药液流动,因此这类药液箱的设计不仅需要足够的强度以承受压力,还必须具备良好的密封性能,以确保系统的正常运行和效率。

(二)液泵

喷杆式喷雾机主要使用的液泵类型包括滚子泵和隔膜泵。滚子泵因其结构简单、体积紧凑和维护方便的特点,特别适合用于喷杆式喷雾机,广泛被应用于这类设备中。滚子泵的设计使其在低压环境下工作效率高,维护成本低,因此成为喷杆式喷雾机的首选泵型。

（三）喷头

适用于喷杆式喷雾机的喷头种类包括狭缝喷头和空心圆锥雾喷头等。特别是国产刚玉瓷狭缝喷头，按喷雾角度分为110系列和60系列两种。110系列喷头具有110°的喷雾角，主要用于播种前和出苗前的土壤全面处理；60系列的喷雾角为60°，主要应用于针对苗带的喷洒作业。这些喷头都配备有防滴装置，可以有效防止操作结束后药液的滴漏。喷头通常以0.5 m的间距安装在喷杆上，其数量基于液泵在常用工作压力下的排液量以及喷头在足够压力下的喷雾量进行选择。喷头均匀地安装在喷杆的桁架结构上，当桁架展开时，可以实现宽幅且均匀地喷洒。

（四）防滴装置

为了防止喷雾作业停止时因残压导致的药液沿喷头滴漏而造成的药害，喷杆式喷雾机通常装备有防滴装置。防滴装置主要包括膜片式防滴阀、球式防滴阀和真空回吸三通阀三种类型，可以以三种不同的方式进行配置。

（1）膜片式防滴阀配合回吸阀：通过膜片阀的闭合来阻止药液滴漏。

（2）球式防滴阀配合回吸阀：通过球阀关闭来阻止药液漏出，并通过回吸阀吸回残留药液。

（3）真空回吸三通阀（常用的是圆柱式回吸阀）：利用三通阀的结构，在停止喷洒时通过产生负压吸回药液，防止滴漏。

以上任一配置均能有效地防止药液滴漏，从而避免因药液残留造成的植物药害。

（五）搅拌器

为确保喷出的药液具有一致的浓度并防止药剂沉淀，喷杆式喷雾机通常装配有搅拌器。搅拌器有三种主要类型：机械式搅拌器、气力式搅拌器和液力式搅拌器。在喷杆式喷雾机中，最常用的是液力式搅拌器。液力式搅拌器的工作原理是通过引导部分药液回流进药液箱，通过搅拌喷头或经过射流泵的喷嘴将液流高速喷射，从而实现强效的搅拌作用，确保药液的均匀混合，防止成分分层或沉淀。

（六）喷杆桁架机构

喷杆式喷雾机的喷杆桁架主要功能是安装喷头，并在展开后实现广泛而均匀的喷洒作业。喷杆桁架可分为多节，如3节、5节或7节，这样的设计可以方便运输和存放，因为除了中央喷杆，其他各节喷杆可以向后、向上或向两侧折叠。为了防止作业中喷杆因地面不平或拖拉机倾斜而导致端部喷头接触地面，喷杆的两端装有仿形环或仿形板。

此外，中间和外侧喷杆的连接处装有垂直方向的弹性活节，使得在遇到不平地面时，外喷杆能自动向上避让。在两节喷杆之间，还安装有凸轮弹簧自动回位机构，这种设计可以在喷杆遇到障碍物时自动抬升并绕过障碍，之后迅速复位，有效保护喷杆结构。

由于田间地面凹凸不平，喷杆在拖拉机轻微晃动下的端部可能产生较大摆动，影响喷洒均匀性。为解决这一问题，部分喷杆式喷雾机采用了等腰梯形四连杆吊挂机构，以稳定喷杆并减少拖拉机晃动对喷洒质量的影响。

（七）管路控制部件

喷杆式喷雾机的管路控制系统关键部件包括调压阀、安全阀、截流阀、分配阀及压力表等。分配阀在这些控制部件中起着核心角色，负责将液泵输出的药液均匀分配至各喷杆。这种设置使得操作者可以根据需要选择启动全部喷杆或仅特定几节喷杆进行喷雾作业。

为了提高操作便捷性，喷杆式喷雾机的这些管路控制部件通常被整合在一起，形成一个组合阀，这个组合阀被安置在驾驶员容易接触到的位置。这种设计不仅优化了操作效率，还增强了机械的可用性和灵活性，使得驾驶员可以迅速且准确地控制喷雾作业。

四、喷杆式喷雾机的应用及调整方法

（一）安装步骤

在使用喷杆式喷雾机进行农药施放之前，确保详细阅读并理解使用手册非常重要。手册中包含了操作流程、日常保养和故障处理等关键信息。以下是一些基本的设置和操作步骤。

1. 设备准备

根据使用手册的指导，进行喷雾机的准备工作，包括润滑所有活动部件，紧固所有可能松动的螺钉和螺母，确保设备各部件正常运行。

2. 连接装置

将喷雾机的三个接点与拖拉机的三点悬挂装置相连接。在连接时，确保使用锁销牢固锁定，防止在作业过程中喷雾机脱落。

3. 传动轴连接

把传动轴连接到液泵和拖拉机的后动力输出轴上。在连接时，注意两者之间保持推荐的最小距离，避免因距离过短而造成传动轴或液泵的损坏。如果传动轴过长，适当调整液泵的位置，确保传动轴的内外套管有适当的错开量，这是为了防止运行中的机械干涉和潜在损坏。

4. 喷杆调整

抬起机具，展开喷杆，然后调整拖拉机后部的提升装置，确保喷杆与地面保持平行。从侧面观察时，机具应垂直于地面，以确保喷药覆盖均匀，减少药物浪费。

（二）作业前调试

（1）利用滤网向药箱内注入清水，彻底清洗内部以确保没有杂质，再加满清水。然后进行试喷，调整喷雾机以确保发动机转速和喷雾压力稳定，确保喷头的雾化效果良好，达到均匀喷洒的效果。最后，将操纵系统上的换向调压阀调至回水位置，并将传动轴加速至额定转速，检查药箱内的回水情况及搅拌器的运转状态。

（2）根据目标病虫害和作物种类，选择合适的农药类型、计算每亩施用量和稀释浓度。精确计算所需的农药量和拖拉机的行进速度，以确保达到最佳的喷洒效果。

（3）将操纵手柄调至喷雾位置，并顺时针旋转调压手柄，观察喷雾情况和压力表的读数，确保工作压力维持在 0.3~0.5 MPa。

（三）田间作业

在开始喷洒前，首先依据农药使用说明进行配药，先加入农药再加水。务必确保添加的药液和水是干净的，以免堵塞喷头或引发故障。加药和水后，紧闭药箱盖。启动拖拉机，连接动力输出轴，将回流阀开至全开位置，让药液完全回流至药箱，搅拌 5~10 min 以后，再开始进行喷雾作业。

在药液充分搅拌均匀之后，首先断开动力输出轴，然后驾驶机组前往预定的作业地点。在规划作业路线时，应仔细检查是否存在任何障碍物，如树木、电线杆或沟坎等，并将机械停放在第一条作业轨迹的起始位置。接着，展开喷杆桁架至作业状态，并调整至适当的作业高度。设定合适的作业速度和行进挡位后，重新连接动力输出轴并启动输液泵，开始执行喷雾作业。

在完成一条作业轨迹后转向下一条时，驾驶员需要精确对准两条轨迹的交接线，确保不会出现漏喷或重复喷洒的情况。当药液箱中的药液接近用尽时，及时断开动力输出轴，并将机具调整回运输状态，然后驾驶至加水点。在此重新加水并配制药液后，即可继续进行喷雾作业。这样的操作确保了作业的连续性和效率，同时也保护了作物免受不均匀喷洒的影响。

五、喷杆式喷雾机的安全应用注意事项

在应用喷雾机进行喷洒农药作业时，一定要注意安全，既要避免发生药害，又要避免发生机械事故。

（1）拖拉机驾驶员必须参加农机部门或生产等有关部门的技术培训，经农机监理机构考试合格，取得拖拉机驾驶证，方可驾驶操作拖拉机。

（2）拖拉机必须经农机监理机构检验合格，领取号牌和行驶证，方可使用。使用过的拖拉机必须经过全面的检修保养，技术状况良好，经农机监理机构年度安全技术检验合格，方可投入作业。

（3）作业人员必须了解农药的毒性、应用范围、使用方法、残效期以及中毒的症状、急救方法和措施等。

（4）作业人员必须穿戴防护用具，如穿着长衣、长裤、戴口罩、手套、帽子和分镜等；作业中严禁进食、喝水、吸烟等；当风力过大时，不要喷药，以免造成药物中毒；作业后用肥皂水洗脸并用清水漱口。

（5）作业人员加药时一定要经过滤网，防止杂质进入药箱堵塞管路、喷头等。

（6）机组起步、转弯、倒退时，应鸣喇叭或发出信号，提醒有关作业人员注意安全。并观察喷雾机周围是否有人，必要时应有联络人员协助指挥；机组起步、转弯、倒退时应缓慢行驶。

（7）在作业过程中，应严格遵守以下操作顺序：启动、加压、开启阀门、停车、卸压和关闭阀门。作业开始前，先启动药液泵，然后打开送药开关开始喷雾；在停车时，应首先关闭送药开关，随后切断动力，以减少药液滴漏的可能。

（8）在喷雾过程中，压力不应超过 0.5 MPa，同时避免将液泵的调压阀和管路控制器的回流阀完全关闭，以防因压力过高造成喷雾量过大、机具损坏或胶管爆裂的情况发生。驾驶员应时刻注意喷雾质量和压力的变化，保持机组匀速前进和稳定的喷雾压力，一旦发现喷雾质量或压力不稳定，应立即检查并排除问题。同时，要确保喷幅不与上一行重叠或漏喷，并避免喷杆碰撞障碍物。

（9）如果在作业中发现喷头堵塞或泄漏，应立即停止喷雾，检查并清洗喷嘴和滤网，之后重新装配并调整，方可继续作业。还需密切监控药液箱的剩余量，避免药液用尽导致液泵干转。若观察到作物出现药害现象，应立即停止喷洒。若机器出现异常运行或其他故障，也应即刻停机进行检查，故障排除后方可恢复作业。

（10）作业结束后，应及时清除药箱和药管中的残余药液，使用清水清洗并擦干，必要时进行修复或更换损坏的部件。离开工作场地后，应把药箱提升，将喷杆折叠收好，放入喷杆架内，防止在运输过程中喷杆受损。

六、喷杆式喷雾机的维护与保养

由于许多农药具有强烈的腐蚀性，而植保机械通常使用较薄的钢板、橡胶制品和塑料等材料制造，因此，维护与保养对保证植保机械的技术状态和延长其使用寿命极为重要。

（一）日常维护与保养

使用前，应为植保机械的各润滑部位加注润滑油。定期检查喷雾机的各个部件，紧固任何松动的部分，确保所有连接处的可靠性。

（二）定期维护与保养

定期进行检查，更换任何损坏的部件和老化的垫圈。修理任何泄漏的管路，以防止药液或药粉的渗漏。彻底清洗液压系统，根据说明书进行必要的保养，包括更换液压油和液压油过滤器。

（三）清洗

每次喷药作业结束后，应排空药箱和输液（粉）管中的药液（粉），并用清水彻底冲洗整个系统，确保没有农药残留在阀门和管路中。清洗完毕后，将药箱中的水排空，打开所有阀门，让液泵空转几分钟，直到喷头开始喷出空气，确保管路中的水被尽可能排净。喷头过滤网、调压分配阀和过滤器应每1~3个班次清洗一次。

（四）长期存放

如果喷雾机需要长时间存放，应先使用热水和肥皂水或碱水彻底清洗所有部件，确保去除油脂和污垢。清洗后，再用清水冲洗所有部件，以除去任何残留的清洗剂，然后彻底排干水分并使其自然晾干。喷雾机干燥后，在所有金属部件表面涂抹一层防锈油，并在液压油缸的活塞杆上涂抹适量的黄油以保护，注意避免防锈油沾染到轮胎、胶管及其他橡胶部件上。

在长期存放前，还应拆卸喷头、胶管等易于移动的部件，并将它们存放在干燥、阴凉且通风良好的地方，以防止因折压或其他物理因素导致损坏。为了防止灰尘和杂质进入管路，应使用无孔的喷头片密封喷头。同时，橡胶制品和塑料件应避免存放在高温或直射阳光的环境中，尤其在冬季存放时，要保持其自然状态，避免过度弯曲或受压。此外，金属材料也不应与具有腐蚀性的肥料和农药一起存放，以免发生化学反应导致损坏。

最后，将喷雾机存放在阴凉、干燥且通风的仓库中，确保塑料药液箱不受日晒，远离有腐蚀性的化学物品和火源。

七、喷杆式喷雾机的常见故障及排除方法

(一) 喷头喷雾不均匀或不喷雾

原因：①喷头滤网堵塞；②喷孔堵塞。

排除方法：①在清水中用软毛刷子刷洗喷头，清除杂物或更换滤网；②清洗或更换喷头。

(二) 防滴阀漏水或在喷雾时不滴水

原因：防滴阀内的橡胶隔膜压紧度不够。

排除方法：旋动防滴阀的压紧螺帽，调整防滴阀内橡胶隔膜的压紧程度，直至防滴阀能够防滴为止。

(三) 喷雾液泵的流量不足或压力过小

原因：①发动机转速过低；②调压阀、压力传感器进口堵塞或损坏；③药液箱出水过滤器堵塞；④调压阀的阀芯卡死。

排除方法：①发动机转速达到要求转速；②清洗或更换调压阀或压力传感器，检查压力表或传感器进口是否堵塞；③清洗药液箱出水过滤器的滤网；④更换调压阀阀芯上的O形密封圈，并在O形密封圈上涂抹适量润滑油。

(四) 喷雾液泵的压力过高，但喷头的喷量不足

原因：①液泵的出水过滤器堵塞；②喷头滤网堵塞。

排除方法：①清洗液泵的出水过滤器滤网；②清洗或更换喷头滤网。

(五) 液压油过热（超过80℃）

原因：①液压油箱油位低；②冲洗阀冲洗流量低；③液压油冷却器堵塞。

排除方法：①补充液压油；②调节冲洗阀冲洗流量；③清洗液压油冷却器。

(六) 液压系统有噪声

原因：①吸油管路松动，系统中有空气；②油液过黏或油温过低；③油泵进油管路堵塞。

排除方法：①更换密封圈，拧紧吸收管路接头；②更换机具要求的液压油；③清洗油泵进油管路接头，保证管路通畅。

第七章 中耕机械的应用与维护技术

第一节 中耕机械的技术要求及类型

一、中耕的作用

中耕是作物生长过程中至关重要的田间管理活动,其主要目的是改善土壤环境,增强土壤的保水和保湿能力,消除杂草,从而为作物提供更优越的生长条件。中耕操作一般包括除草、松土和培土等三个基本步骤,这些步骤根据不同作物的种类及其生长阶段的特定需求而有所调整,有时还需与间苗或施肥等作业配合执行。中耕的频率依据作物的实际需求,通常需要执行2~3次。这样的管理措施确保了土壤结构的优化和作物生长条件的改善。

二、中耕机械的技术要求

中耕机械的技术要求主要包括四个方面:①中耕机的结构应简单,易于使用;②中耕机在作业过程中应具有良好的稳定性,便于操作;③中耕机与拖拉机的连接应简单易行;④中耕机应能通过简单的调整来完成不同的中耕任务。这些技术要求确保中耕机能高效、灵活地应对各种农田作业的需要。

三、中耕机械的类型

(1)根据可利用的动力,中耕机械可分为手用中耕器、手扶动力中耕器、蓄力中耕器、机动中耕机(分牵引式和悬挂式两种)。

(2)根据用途,中耕机械可分为全面中耕机、行间中耕机、通用中耕机、间苗和手用中耕机(果园、茶园、林业等用)。

(3)根据工作机构形式,中耕机械可分为锄铲式中耕机、旋转式中耕机、杆式中耕机。

（4）根据工作条件，中耕机械可分为旱田中耕机和水田中耕机。

第二节　中耕机械的操作规程

一、中耕机械作业的基本工作流程

明确作业任务和要求→选择拖拉机及其配套田间管理机械型号→熟悉安全技术要求→田间管理机械检修与保养→拖拉机悬挂（或牵引）田间管理机械→选择田间管理机械作业规程→田间管理机械作业→田间管理机械作业验收→田间管理机械检修与保养→安放。

二、中耕机械作业的安全操作规程

（1）机车起步，必须先由农具员发出信号，等拖拉机驾驶员回答后再起步。

（2）中耕机械升降弹簧要调整适当，升降把手要抓紧、慢放，要卡到扇形齿板缺口里再松手。

（3）机具工作时，部件黏土过多或缠草时，要停车清理，但农具员不能用手和脚去清除杂草；追肥作业时，不许用手到肥料箱内扒动和搅拌肥料。

（4）田间作业时，尽量在机车行进中起落农具，以免堵塞和损伤工作部件。作业到地头时，只有等工作部件确实出土后，方可转弯或倒退，严禁工件部件入土后倒退或转急弯。

（5）悬挂中耕机在转弯和运行时，机上不准站人；牵引式中耕机在运输中，机架上禁止放重的物品。

（6）作业时，农具员和非工作人员，不得在机具上跳下或跳上。

（7）机具的调整、保养和排除故障，要在拖拉机停车后进行；更换锄齿，必须在拖拉机灭火后才能动手。

（8）农具各连接部位须牢固、安全，并经常检查其可靠性。

三、中耕机械作业的操作规程

（一）农业技术要求

行间中耕是一项关键的农田管理任务，其主要目的是通过铲除杂草、疏松土壤、防止盐碱上升、提高地温、促进养分分解以及保墒防旱，从而为作物的生长发育创造有利条件。以下是具体的操作要求。

（1）中耕时机。根据地表杂草的生长情况和土壤墒情及时进行中耕。通常，第一次中耕应在作物显著生长后开始。在气温较低或土壤板结严重、墒情较大的情况下，应在播种后3～5天进行中耕，即使作物尚未出土，也要进行，以疏松土壤和提高地温，帮助种子发芽。

（2）耕深和地面处理。耕深应达到规定的标准。中耕后的土壤表层需要是松散、平整的，没有大块土块，且不应出现拖沟现象。地面的起伏不平度不得超过3～4 cm。

（3）杂草处理和护苗带宽度。需要彻底铲除行间耕幅内的所有杂草，并逐次加宽护苗带，从一般的苗期10 cm逐渐加宽到后期的15 cm。在条件允许的情况下，应尽量接近作物株行，压缩护苗带，以扩大中耕除草的作用范围。

（4）中耕深度和作业注意事项。中耕作业应采用分层深中耕的方法。在作业过程中，要确保不埋苗、不压苗、不铲苗、不损伤作物及其茎秆。

（5）作业一致性。作业时应保持不错行、不漏耕，起落要一致，且确保地头彻底耕作。

（二）土地准备

（1）排除田间障碍，填平临时毛渠、沟坑，清除堆放在地里的植物残株，对不能排除的障碍应做出标志。

（2）灌溉后中耕，要全面检查土壤湿度，避免因局部土壤过湿，造成陷车或打滑现象，或因墒度不对，引起中耕后出现大土块压苗。

（3）划定机组在地头转弯地带的宽度，一般为机具工作幅宽的两倍。中耕机在地头线起落，如果能在地段外进行回转，可以不划转弯地带。在采用"梭形播种四大圈法"时，就不搞地头转弯地带。

（4）在两边地头线上，每一个行程机组中心线对正的那一行上做标记。

（5）检查机具进入作业地经过的道路、桥梁是否畅通，并平整沟渠。

（6）按作物生长情况，制订作业计划。实行机车田间管理阶段的分区管理，可减少机车空行和提高作业质量。

（三）机具准备

1. 拖拉机的选择

根据田块大小、作物行距和生长高度，按照拖拉机的轮距（轨距）、轮宽（轨宽），能顺利通过作物的行间，且在苗间和行走轮（轨）之间需留有最小限度的护苗和垂直间隙，不伤害植株等条件，选用合适的拖拉机。

2. 轮距的选择

机车和农具的轮距调整，为行距的整倍数。要使轮子走在对称的行子正中，保持轮子和苗行两边有均匀的间隙。

3. 幅宽的选择

机具工作幅宽，应等于播种机组的工作幅宽，或播种机组幅宽为中耕机幅宽的整倍数，以免由于接行不准，造成铲苗。

4. 中耕机的选用

对中耕机的要求是：能满足不同行距的要求，调整方便，铲除杂草、疏松表土、土壤位移量小、深浅一致、行走稳定、不摆动、仿形好。

5. 锄齿配置

在配置锄铲时，锄铲之间应有 3～5 cm 的重叠宽度。每组锄铲的两边留有护苗带，一般为 7～10 cm。

6. 中耕机作业深度的调整

（1）将安装好的中耕机，放在平坦的地方或专用平台上，机架应成水平。

（2）将相当于中耕深度的垫板，垫在牵引式行走轮下或悬挂中耕机组拖拉机轮子下面。垫板的厚度应比规定的中耕深度少 2 cm（相当作业时中耕机行走轮、悬挂中耕机的拖拉机行走轮下陷深度）。

（3）把操作机构放在工作位置，调整起落装置，调节中耕机的锄铲杆，使整台中耕机全部锄齿的刃口与支持面接触，并处于同一水平面上，铲尖不能翘起，锄齿末端和支持面之间的间隙不允许大于 5 mm。

（4）检查锄齿的重复宽度，一般应为 5～7 mm。

（5）在起落机构、杠杆或螺丝上，划定符合规定深度的记号，并在锄齿的支柱上做出中耕深度记号。

（6）万能牵引中耕机在土壤不够平整的地上作业，要采用短三角梁，以适应地形达到耕深一致。

（7）压力弹簧的紧度，应使工作机构在调整好的位置上，工作部件受到一定的弹簧压力而达到要求的工作深度。

（8）悬挂中耕机首先调整液压油缸下降限制卡板，然后在限深轮下垫起一个高度（等于耕深减轮子下陷深度），再调整水平拉杆和四连杆机构拉杆的长度。调整拉杆长度必须适当，否则中耕锄铲发生翘头，入土困难，或锄铲尾部撅起，影响工作质量。

7. 锄齿安装和护苗带宽度的调整

在方向盘轴上拴一根铅垂线，对准中间的鸭掌齿尖，从中间往两边调整，鸭掌齿间距离等于作物一宽一窄行距，鸭掌齿和相邻单翼铲铲柄的中心距等于 1/2 中耕宽度（作物行内）翼形铲到苗距离为护苗带宽度。窄行内杆齿置于行中，锄齿的编排要求前后错开，以减少堵塞，单翼铲可配在鸭掌铲后面起复平作用。

8. 检查转向机构和轮子轴承间隙

中耕机轮子和机架对称配置，方向盘的自由行程不得超过30°，清除方向盘轴承内的泥，行走轮的轴向间隙不得超过2 mm。

9. 检查机架

机架对角线长度之差，不应超过8 mm；短梁的弯曲度不得超过3 mm，长梁不应超过5 mm；辕架、梁架、升降机构要牢固可靠，梁架无断裂。

10. 检查护苗器

为了防止埋苗，在第一、第二遍中耕时，应安装护苗器。在后期中耕（即封垄前中耕）时，为了防止机具行走轮带拉植株和伤枝叶，还必须带分行器。

（四）机组作业

1. 中耕机具运行路线

合理的行间中耕行走路线对提高工作效率、确保中耕质量以及减少对苗木的压伤和损伤至关重要。选择行走路线时，应考虑到作物的行距，确保机械可以顺利通过且不会触碰到幼苗。同时，路线应尽可能直线，以减少转弯时对作物的潜在损害。在作业过程中，还应注意避免重复行走同一行间路径，以防止重复压苗或增加土壤压实度。

总的来说，中耕操作需要精确控制机械的行走路线和作业深度，以及定期检查机械的状态和作业质量，确保每一次中耕都能达到最佳的农业效果。这不仅有助于提升作业效率，也是保障作物健康生长的重要措施，有以下五种方法。

（1）梭形耕作法，适于小型机具或地头空地较多的地块。这种方法的缺点是机具磨损较大，地头伤苗较多。

（2）单区双向套耕中耕法，适于采用梭形播种的大片地块。这种方法转弯空行少，机车两边磨损均匀，地头压苗较少。但地头横向重复行走较多，应尽量使轮子在行间行走，以免压苗。

（3）二区单向套耕中耕法，适于带两台中耕机作业，但拖拉机单向磨损严重。

（4）二区双向套耕中耕法，适于带2台以上中耕机作业，且机车两边磨损均匀。

（5）梭形播种四大圈中耕法，与播种时的进地位置和行走方法相同；如果中耕幅宽与播种幅宽一样，则行走路线和播种行走路线完全相同，如果中耕幅宽是播种幅宽的1/

2时，最后要中耕八圈（正四圈、反四圈）；如果中耕幅宽是播种幅宽1/3时，最后要中耕12圈（正四圈、反四圈、再正四圈）。采用这种方法，地头压苗大大减少。

2.中耕机组的运行操作

(1) 作业时，拖拉机驾驶员和农具员精神要集中，要熟悉行走路线，避免错行、伤苗、铲苗和倒车。农具员操作中耕机，始终要保持正确的护苗带，发现偏斜，及时纠正，并保证耕深一致，机车超负荷要及时换挡，不能用减少耕深的办法继续工作。

(2) 机具转弯要减慢速度。中耕机后排锄齿到地头线时，要升起工作部件。农具员要及时升起所有工作部件，防水损坏机具和伤苗，并在横向苗行中行驶。第二次以后的中耕，应遵循机组前一次所行驶的痕迹，以减少压苗。牵引两台或三台中耕机工作，注意操作方向，防止碰撞。

(3) 机具运行速度，一般每小时不超过6～7 km。草多土壤板结的地，每小时不超过4～5 km；幼苗期机具工作速度，每小时不超过4 km；在沙土地上行驶速度，以不埋苗为限。在草多的地里作业，要随时清除缠在锄齿上的杂草，必要时升起工作部件，以防堵塞拖堆，伤害禾苗。每班要更换锋利的锄齿，必要时可换两次。

(4) 机具在作业中，每2～3 h要停车检查一次。检查中耕机齿栓、铲子、轮柱、轴套、导架限位器等各部螺丝是否松动，发现松动及时拧紧。检查锄齿间尺寸和护苗带尺寸是否变化，发现变化要及时调整。

(5) 机具夜间作业，要有充分的照明设备，还要在地头插上标记，避免错行铲苗。

第三节　锄铲式中耕机的应用与维护

一、锄铲式中耕机工作部件

锄铲式中耕机通常用于旱地作物的中耕，其工作部件有除草铲、松土铲、培土器等。

(一) 除草铲

除草铲主要用于行间第一、二次中耕除草作业，起除草和松土作用。除草铲分为单翼铲和双翼铲两类，双翼铲又可分为双翼除草铲和双翼通用铲，如图7-1所示。

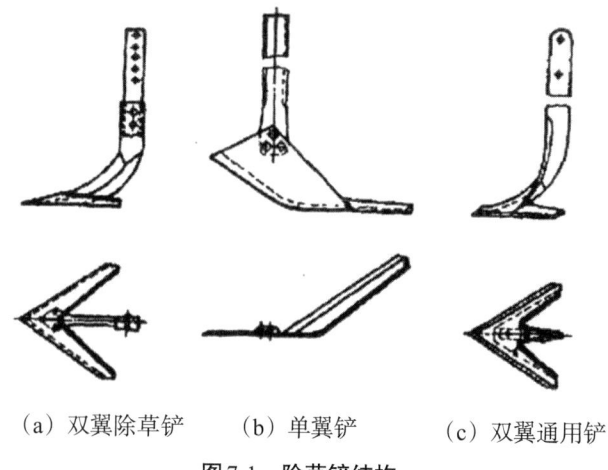

(a) 双翼除草铲　　(b) 单翼铲　　(c) 双翼通用铲

图 7-1　除草铲结构

单翼铲由单翼铲刀和铲柄组成。单翼铲刀有水平切刃和垂直护板两部分。水平切刃用来切除杂草和松碎表土；垂直护板的前端也有刃口，用来垂直切土，护板部分用来保护幼苗不被土壤覆盖。单翼铲的工作深度一般为 4～6 cm，幅宽有 13.5 cm、15 cm 和 16.6 cm 等 3 种。单翼除草铲因分别置于幼苗的两侧，故又分为左翼铲和右翼铲。

双翼铲由双翼铲刀和铲柄组成。双翼除草铲的特点是除草作用强、松土作用较弱，主要用于除草作业；双翼通用铲则可兼顾除草和松土两项作业，工作深度达 8～12 cm，幅宽常用的有 18 cm、22 cm 和 27 cm 等 3 种。

（二）松土铲

松土铲主要用来松动下层土壤。松土铲的特点是松土时不会把下层土壤移到上层来，这样便可防止水分蒸发，并促进植物根系的发育。松土铲有凿形松土铲 [图 7-2（a）]、单头松土铲 [图 7-2（b）]、双头松土铲、垄作三角犁铲（北方称三角锥子）等。

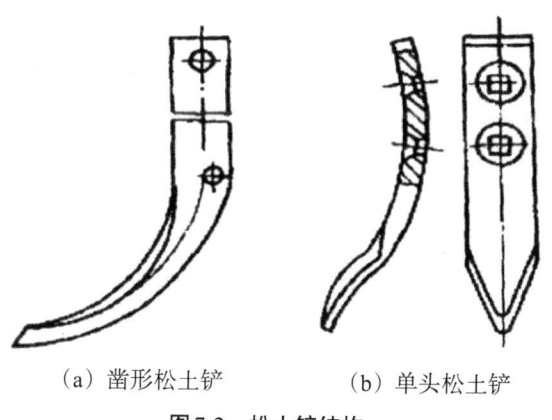

(a) 凿形松土铲　　(b) 单头松土铲

图 7-2　松土铲结构

（1）凿形松土铲实际上为一矩形断面铲柄的延长，其下部按一定的半径弯曲，铲尖呈凿形，常用于行间中耕，深度可达18～20 cm。

（2）单头松土铲主要用于休耕地的全面中耕，以去除多年生杂草，工作深度可达8～20 cm。

（3）双头松土铲呈圆弧形，由扁钢制成。伊的两端都开有刃口，一端磨损后可换另一端使用。铲柄有弹性和刚性两种，前者适用于多石砾的土壤，工作深度为10～12 cm；后者适用于一般土壤，工作深度可达18～20 cm。

（三）培土器

培土器用于玉米、棉花等中耕作物的培土和灌溉区的行间开沟。培土本身也具有压草作用。培土器一般由铲尖、分土板和培土板等组成，如图7-3所示。铲尖切开土壤，使之破碎并沿铲面上升，土壤升至分土板后继续被破碎，并被推向两侧，由培土板将土壤培至两侧的苗行。培土板一般可进行调节，以适应植株高矮、行距大小以及原有垄形的变化。有些地方要求每次培土后，沟底和垄的两侧均有松土，以防止水分蒸发，此时可用综合培土器（图7-4），其特点是三角犁铲曲面的曲率很小，通常为凸曲面，外廓近似三角形，工作时土壤沿凸面上升而被破碎，然后从犁铲后部落入垄沟，而土层土基本不乱。分土板和培土板都是平板，培土板向两侧展开的宽度可以调节。

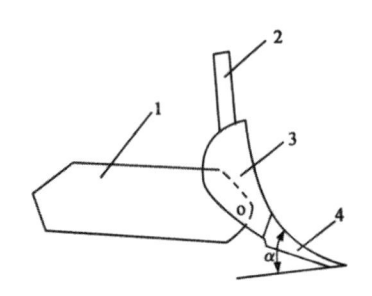

1—培土板；2—铲柄；3—分土板；4—铲尖。

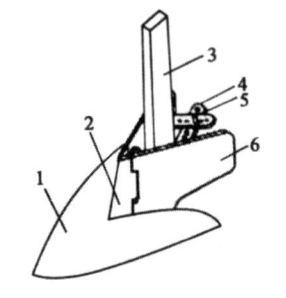

图7-3　培土器

1—三角犁铲；2—分土板；3—铲柄；
4—调节板；5—固定销；6—培土板。

图7-4　综合培土器

二、锄铲式中耕机工作部件的选择及配置

根据中耕要求、行距大小、土壤条件、作物和杂草生长情况等因素，选择各种中耕应用的工作部件，恰当地组合、排列，才能达到预期的中耕目的。

工作部件的排列应满足不漏锄、不堵塞、不伤苗、不埋苗的要求。排列时要注意以下几点。

（1）为保证不漏锄，要求排列在同行间的各工作部件的工作范围有一定重叠量。一般除草铲铲翼横向重叠量为20～30 mm；单杆单点铰连式联结的机器上为60～80 mm；凿形铲由于入土较深，对土壤影响范围大，只要前后列相邻松土铲的松土范围有一定重叠即可。

（2）为保证不堵塞，前后铲安装时应拉开40～50 cm的距离。

（3）为保证中耕时不伤苗、不埋苗，锄铲外边缘与作物之间的距离应保持10～15 cm，称为护苗带。必要时幼苗期护苗带还可减至6 cm，以增加铲草面积。

三、锄铲式中耕机的调整

在正式作业开始前，将中耕机械用拖拉机悬挂进行田间测试调整，检查表工作部件是否能正常作业，其主要调整有以下几方面。

（1）除草铲、松土铲、培土铲安装不当，作业效果不好，重新安装调整。

（2）作业行距调整不当，重新进行安装调整，达到要求。

（3）工作部件安装不当，达不到要求的作业深度，调整其安装深度。

（4）工作部件已损坏，更换部件。

四、锄铲式中耕机的保养

（1）及时清除工作部件上的泥土、缠草，检查是否完好。

（2）润滑部位要及时加注黄油。

（3）各班作业后，全面检查各部位螺栓是否松动。

（4）施肥作业完成后，要彻底清除各部黏附的肥料。

（5）工作前检查传动链条是否传动灵活。

（6）每班作业后，应检查零部件是否有变形、裂纹等，及时修复或更换。

（7）作业结束后要妥善保管。

五、锄铲式中耕机的常见故障及排除方法

锄铲式中耕机的常见故障及排除方法，见表7-1。

表7-1　锄铲式中耕机的常见故障及排除方法

故障	故障原因	排除方法
锄草不净	工作部件重叠量小	增加锄铲重叠量
	锄铲刃口磨钝	磨刃口
	锄铲深浅调整不当	调整入土深度
	锄齿的种类或配置方法不合适	选择合适锄齿的种类或配置方法

续表

故障	故障原因	排除方法
除草不入土，仿形轮离地	锄铲尖部翘起	调节拖拉机上拉杆或中耕单组仿形机构的上拉杆长度，调平单组纵梁
	铲尖磨钝	磨刀口
	仿形四杆机构倾角过大	调节地轮高度，使主梁降低，减小四杆机构倾角
中耕后地表起伏不平	锄铲黏土或缠草	清除铲上的铁锈、油漆，定期磨刀口，及时清除黏土及杂草
	锄铲安装不正确	检查和重新安装锄铲，使每个锄铲的刀口都呈水平状态
	单组纵梁纵向不水平，前后锄铲耕深不一致	调节拖拉机上拉杆或中耕单组仿形机构上拉杆的长度，将纵梁调平
	双翼铲入土角度过大	减小双翼铲入土角
	土壤干湿不均易形成土块、泥条	选合适墒情和时间中耕
压苗、埋苗	播行不直，行距不对	调整机具行距使其适应播行
垄形低矮，坡度角大，垄顶凹陷	开沟深度浅	加深开沟深度
	培土板开度小	增大培土板开度
垄形瘦小，培土器壅土，沟底浮土	培土板开度大	减小培土板开度
	开沟深度太深	减小开沟深度
铲苗、埋苗、漏耕	中耕机具与播种机具的工作幅宽不一致，或二者不成整倍数	将中耕机具与播种机具的工作幅宽调整不一致，或二者成整倍数
	机具行走路线错乱	更正机具行走路线
	锄齿的工作位置不正，护苗带太小、行距不等，播行不直	调整锄齿的工作位置不正，加大护苗带宽度等行距作业
	车速过高	降低车速
中耕深度不够	牵引点过高	降低牵引点
	锄齿不锋利	更换锄齿或刃磨锄齿
	中耕锄齿的调整深度不正确	调整中耕锄齿的深度
	土壤阻力过大	选合适墒情和时间中耕

第八章　联合收割机的应用与维护技术

第一节　水稻联合收割机的应用与维护

一、水稻联合收割机概述

（一）水稻联合收割机的种类

水稻联合收割机是农业机械中用于收割水稻的重要设备，根据喂入方式的不同，可分为全喂入式和半喂入式两种。全喂入式联合收割机会将割下的作物完全喂入脱粒滚筒；而半喂入式则只将作物的头部（即稻穗部分）喂入滚筒，使得茎秆部分保持较为完整，有利于后续的处理或利用。

（二）水稻联合收割机的工作过程

在水稻联合收割机的工作过程中，首先扶禾拨指会将倒伏的作物扶正，并推向割台，扶禾星轮则辅助拨禾并支撑切割过程。作物在割台上被切断后，割台上的横向输送链会将作物向割台左侧输送，然后传递给中间输送装置。中间输送装置的中间输送夹持链通过上、下链耙的作用，逐渐将垂直状态的作物禾秆改变为水平状态，并送入脱粒滚筒进行脱粒。脱粒后的穗头在经过主滚筒的处理后，谷粒将通过筛网，由抖动板进一步清理，并最终通过风扇产生的气流被吹净。清洁后的谷粒随后落入水平推运器，并通过谷粒水平推运器送至垂直谷粒推运器，最终经出粮口接粮装袋。

对于断穗的处理，主滚筒将其送至副滚筒进行第二次脱粒，而副滚筒的排杂口则负责将杂余物排出机外。长茎秆在脱粒后从机后排出，可以根据需要成堆或成条铺放在田间。

水稻联合收割机高度自动化的收割过程不仅提高了收割效率，还确保了收获的完整性和清洁度，大大节省了人力和时间，是现代农业生产中的关键技术。

二、水稻联合收割机的调整

(一)收割装置的调整

1. 分禾板上、下位置调整

分禾板上、下位置应根据作业的实际情况及时进行调整。田块湿度大,前仰或过多地拨起倒伏作物时,应将分禾板尖端向下调,直至合适为止(最低应距地面 2 cm),可通过调整螺栓进行调整。

2. 扶禾爪的收起位置高度调整

扶禾爪的收起位置应根据被收作物的实际情况进行调整。其调整方法是:先解除导轨锁定杆,然后上、下移动扶禾器内侧的滑动导轨位置。具体要求是:通常情况下,导轨调至标准的位置;易脱粒的品种和碎草较多时,导轨调至标准上部的位置;长杆且倒伏的作物,导轨应调至标准下部位置。调整时,四条扶禾链条的扶禾爪的收起高度,都应处于相同的位置。

3. 右爪导轨调整

右爪导轨的位置应根据被脱作物的状态而定。作物茎秆比较零乱时,导轨置于标准位置;而被脱作物易脱粒而又在右穗端链条处出现损失时,应将导轨调向标准上部位置。

4. 扶禾调速手柄的调节

扶禾调速手柄通常在"标准"位置上进行作业,只有在收割倒伏45°以上的作物时或茎秆纠缠在一起时,先将收割机副变速杆置于"低速",再将扶禾调速手柄置于"高速"或"标准"位置。收割小麦时,不用"高速"位置。

(二)脱粒装置的调整

1. 脱粒室导板调节杆的调整

脱粒室导板调节杆有开、闭和标准3个位置。

新机出厂时,调节杆处于"标准"位置。作业中出现异常响声(咕咚、咕咚),即超负荷时,收割倒伏、潮湿作物及稻麸或损伤颗粒较多时,应向"开"的方向调;当作物中出现筛选不良时(带芒、枝梗颗粒较多、碎粒较多、夹带损失较多)、谷粒飞散较多时,应向"闭"的方向调。

2. 清粮风扇风量的调整

合理调整风扇风量能提高粮食的清洁率和减少粮食损失率。风量大小的调整是通过改变风扇皮带轮直径大小进行的。其调整方法是：风扇皮带轮由两个半片和两个垫片组成。两个垫片都装在皮带轮外侧时，皮带轮转动外径最大，此时风量最小；两个垫片都装在皮带轮的两个半片中间时，风扇皮带轮转动外径最小，此时风量最大；两个垫片在皮带轮外侧装一个，在皮带轮两半片中间装另一个时，则为新机出厂时的装配状态，即标准状态（通常作业状态）。

作业中，若出现谷粒中草屑、杂物、碎粒过多时，风量应调强位；若出现筛面跑粮较多，风量应调至弱位。

3. 清粮筛（振动筛）的调整

清粮筛通常采用百叶窗式设计，通过合理调整筛子叶片的开度，可以达到理想的清粮效果。在实际操作中，需要根据不同的作业条件来调整筛片的开度。

（1）喂入量大或作物潮湿时。如果作业速度较快，作物含水量高，或筛面有较多漏粮、稻麸或损伤谷粒增多的情况，应适当增大筛子叶片的开度，直至达到满意的清洁效果。

（2）筛选效果不良时。如果出现带芒、枝梗颗粒较多、断穗较多或碎草较多的情况，应适当减小筛子叶片的开度，直到筛选效果改善为止。

（3）调整方法：①拧松筛子的调整板螺栓（通常有两颗）；②将调整板向左移动，使筛片开度（间隙）变小，即向闭合方向调整；③将调整板向右移动，使筛子叶片开度变大，即向打开方向调整。

4. 筛选箱增强板的调整

增强板的默认位置是新机出厂时设置的标准位置，通常适用于大多数收割作业。然而，作业中如果经常出现筛面跑粮的情况，应考虑对增强板进行调整——当筛面跑粮现象较多时，将增强板向前调整，直至这一现象得到有效控制或消失。

通过这些调整，可以有效提高联合收割机的清粮效率和谷物的清洁度，从而提升整体的收割效果。这些调整应根据实际情况和作业需求灵活进行，以确保收割机的最佳性能。

5. 弓形板的更换

根据作业需要，在弓形板的位置上可换装导板。新机出厂时，安装的是弓形板（两块）、导板（两块）为随车附件。作业中，当出现稻秆损伤较严重时，可换装导板。

6. 筛选板的调整

新机出厂时，筛选板装配在标准位置（中间位置）。作业中，排尘损失较多时，应向上调；收割潮湿作物和杂草多的田块，适当向下调，直至满意为止。

三、水稻联合收割机的维护与保养

(一)作业前后要全面维护与保养

水稻收获季节对时间的要求非常严格,因此在收获季节到来之前,收获机械的维护与保养是确保机械在作业期间能维持良好运行状态的关键措施。

1. 行走机构

(1)轴承维护。

根据制造商的规定,支重轮轴承每工作 500 h 需要加注机油,每 1 000 h 更换一次。但实际情况可能因使用环境和条件不同,轴承可能在几百小时内就会出现损坏。若未及时发现和更换,可能会迅速损坏支架上的轴套,维修则更加复杂。因此,在每次收获季前的检查中,不论轴承是否达到了规定的使用期限,都应仔细检查支重轮、张紧轮、驱动轮及各轴承组的松动和异常状况,并及时进行更换。

(2)橡胶履带。

橡胶履带的更换期限通常为 800 h,但由于成本较高,许多用户倾向于在履带损坏时才进行更换。建议在日常使用中加强对橡胶履带的保护措施,以延长其使用寿命。

2. 割脱部分

(1)输送螺旋杆。

谷粒竖直输送螺旋杆的使用期限为 400 h,再筛选输送螺旋杆的使用期限为 1 000 h。在拆卸检查时,若发现磨损过度,应立即更换。有条件的话,可以考虑通过堆焊修复再使用。

(2)割刀和曲柄滚轮。

割茬撕裂或漏割的问题,除了检查和调整割刀间隙、更换磨损刀片外,还应检查割刀曲柄和曲柄滚轮的磨损情况。如果磨损过度,可能会改变割力行程并增加冲击,从而影响切割质量。割刀和曲柄滚轮等部件如果出现异常磨损,应及时更换。

(3)轴承组。

割脱机构中的一些轴承组拆装比较困难,应在停收保养期间进行仔细检查。若发现有异常,应及时更换,避免在收割期间出现故障,导致无法按时完成收割任务。

通过以上详尽的预防性维护措施,可以大大减少收获季节中的机械故障,确保收割作业的连续性和效率,不误农时。

(二)每班保养

进行每班保养是确保农业机械如收割机保持最佳技术状态的重要环节,也是预防和减少机械故障的关键措施。每班保养不仅包括基本的清洁、润滑、添加和紧固,还包括对各关键部分的仔细检查,以便及时发现并解决小问题。

1. 检查和补充流体

确保柴油、机油和水均充足,若发现不足,应立即添加符合要求的油和水。检查和补充流体对机器的稳定运行至关重要。

2. 电路和感应器检查

检查电路,确保无断线或短路情况。对于感应器,如果被秸秆、杂草等外部物质缠堵,应及时清理,避免传感器故障影响机器的正常工作。

3. 行走机构

清理行走机构上的泥土、草和秸秆,检查橡胶履带是否有松弛现象,如有必要,进行适当调整,确保机器行走平稳。

4. 检查收割、输送、脱粒系统

检查收割刀片间隙是否适当,链条和传动带是否足够张紧,以及弹簧弹力是否正常。对于那些不能由自动加油装置润滑的部位,应手动加油润滑,确保每个润滑点都得到适当的维护。

5. 清洁机器

重点清理机油冷却器、散热器、空气滤清器、防尘网以及传动带罩壳等部位,移除积聚的尘土和草屑,保持这些部件的清洁,有助于机器的散热和通风,防止过热和其他相关故障。

每班保养可以显著提高机器的可靠性和效率,同时延长机器的使用寿命。

(三)定期维护

针对半喂入式联合收割机的技术维护和操作,合理的维护策略和注意事项对确保机械的高效运行至关重要。

1. 技术维护

定时维护:半喂入式联合收割机应按照工作小时数进行定期技术维护和易损件的更换。装有计时器的联合收割机可以帮助精确跟踪工作小时,确保维护工作及时进行,从而延长机器的使用寿命并保持最佳性能。

2. 操作注意事项

(1)自动控制装置和报警系统。

当机器在作业过程中发生温度过高、谷仓装满、输送堵塞、排草不畅、润滑异常或控制失灵等现象时,自动控制装置会通过报警器和指示灯闪烁来警示操作员。操作员必须立即停止机器,检查并解决问题后才可继续作业。

(2) 水田作业。

避免在泥脚较深的水田（超过 15 cm 深）进行作业，以免机器陷入泥中。在这种条件下，建议先进行人工收割，然后再用机器进行脱粒。

(3) 处理倒伏作物。

倒伏且贴近地面的稻禾会对扶禾机构和切割机构造成较大损害，因此，应避免在这种条件下作业。

(4) 橡胶履带的保护。

在跨越高于 10 cm 的田埂时，应在田埂两边铺设稻草或使用搭桥板，以保护橡胶履带不受损伤。在沙石路上行走时，应尽量避免急转弯，以减少对履带的磨损。

(5) 避免高速挡作业。

不要使用副调速手柄的高速挡进行收割作业，因为高速作业增加了机械故障的风险。

四、水稻联合收割机的常见故障及排除方法

（一）出现割茬不齐

原因：①作物的条件不适合；②田块的条件不适合；③机手的操作不合理；④割刀损伤或调整不当；⑤收割部机架有无撞击变形。

排除方法：①更换作物；②检查田块的条件；③正确操作；④更换割刀或正确调整；⑤修复收割部机架或更换。

（二）出现不能收割而把作物压倒

原因：①作物不合适；②收割速度过快；③割刀不良；④扶起装置调整不良；⑤收割皮带张力不足；⑥单向离合器不良；⑦输送链条松动、损坏；⑧割刀驱动装置不良。

排除方法：①更换作物；②降低收割速度；③调整或更换割刀；④调整分禾板高度；⑤皮带调整或更换；⑥更换；⑦调整或更换输送链条；⑧换割刀驱动装置。

（三）出现不能输送作物、输送状态混乱

原因：①作物不合适；②机手操作不当；③脱粒深浅位置不当；④喂入装置不良；⑤扶禾装置不良；⑥输送装置不良。

排除方法：①更换作物；②副变速挡位置于"标准"；③脱粒深浅位置用手动控制对准"▼"；④爪形皮带、喂入轮、轴调整或更换；⑤正确选用扶禾调速手柄挡位、调整或更换扶禾爪、扶禾链、扶禾驱动箱里轴和齿轮；⑥调整或更换链条、输送箱的轴、齿轮。

（四）出现收割部不运转

原因：①输送装置不良；②收割皮带松；③单向离合器损坏；④动力输入平键、轴承、轴损坏。

排除方法：①调整或更换各链条、输送箱的轴、齿轮；②调整或更换收割皮带；③更换单向离合器；④调整或更换爪形皮带、喂入轮、轴。

（五）出现筛选不良——稻麦有断草/异物混入

原因：①发动机转速过低；②摇动筛开量过大；③鼓风机风量太弱；④增强板调节过开。

排除方法：①增大发动机转速；②减小摇动筛开量；③增大鼓风机风量；④增强板调节得小些。

（六）出现稻麦谷粒破损较多

原因：①摇动筛开量过小；②鼓风机风量太强；③搅龙堵塞；④搅龙叶片磨损。
排除方法：①增大摇动筛开量；②减小鼓风机风量；③清理；④更换或修复。

（七）出现稻谷中小枝梗，麦粒不能去掉麦芒、麦麸

原因：①发动机转速过低；②摇动筛开量过大；③脱粒室排尘过大；④脱粒齿磨损。
排除方法：①增大发动机转速；②减小摇动筛开量；③清理排尘；④更换。

（八）出现抛撒损失大

原因：①作物不合适；②机手操作不合理；③摇动筛开量过小；④鼓风机风量太强；⑤摇动筛后部筛选板过低；⑥摇动筛橡胶皮安装不对；⑦摇动筛增强板位置过闭；⑧摇动筛1号、2号搅龙间的调节板位置过下。

排除方法：①更换作物；②正确操作；③增大摇动筛开量；④减小鼓风机风量；⑤增高摇动筛后部筛选板；⑥重新安装；⑦调整摇动筛增强板位置；⑧调整摇动筛1号、2号搅龙间的调节板位置。

（九）出现破碎率高

原因：①作物过于成熟；②助手未及时放粮；③发动机转速过高；④脱粒滚筒皮带过紧；⑤脱粒排尘调节过闭；⑥搅龙堵塞；⑦搅龙磨损。

排除方法：①及早收获作物；②及时放粮；③减小发动机转速；④调整脱粒滚筒皮

带；⑤调整脱粒排尘装置；⑥清理；⑦更换或修复。

（十）出现2号搅龙堵塞

原因：①作物过分潮湿；②机手操作不合理；③摇动筛开量过闭；④鼓风机风量过弱；⑤脱粒部各驱动皮带过松；⑥搅龙被异物堵塞；⑦搅龙磨损。

排除方法：①晾晒；②正确操作；③调整摇动筛开量；④增大鼓风机风量；⑤调紧脱粒部各驱动皮带；⑥清理搅龙；⑦更换或修复搅龙。

（十一）出现脱粒不净

原因：①作物条件不符；②机手操作不合理；③脱粒深浅调节不当；④发动机转速过低；⑤分禾器变形；⑥脱粒、滚筒皮带过松；⑦排尘手柄过开；⑧脱粒齿、脱粒滤网、切草齿磨损。

排除方法：①更换作物；②正确操作；③正确调整；④增大发动机转速；⑤修复或更换；⑥调紧脱粒、滚筒皮带；⑦正确调整排尘手柄；⑧更换或修复。

（十二）出现脱粒滚筒经常堵塞

原因：①作物条件不符；②脱粒部各驱动皮带过松；③导轨台与链条间隙过大；④排尘手柄过闭；⑤脱粒齿与滤网磨损严重；⑥切草齿磨损；⑦脱粒链条过松。

排除方法：①更换作物；②调紧脱粒部各驱动皮带；③减小导轨台与链条间隙；④调整排尘手柄；⑤更换；⑥更换或修复切草齿磨损；⑦调紧脱粒链条。

（十三）出现排草链堵塞

原因：①排草茎端链过松或磨损；②排草穗端链不转或磨损；③排草皮带过松；④排草导轨与链条间隙过大；⑤排草链构架变形。

排除方法：①调紧排草茎端链或更换；②正确安装或更换；③调紧排草皮带；④减小排草导轨与链条间隙；⑤修复或更换排草链构架。

第二节　谷物联合收割机的应用与维护

一、谷物联合收割机的构造

谷物联合收割机的机型很多，其结构也不尽相同，但其基本构造大同小异。现以约翰迪尔佳联自走式联合收割机（JL-1100自走式联合收割机）为例，说明其构造和工作过程。

JL-1100自走式联合收割机结构主要由收割台、脱粒（主机）、发动机、液压系统、电气系统、行走系统、传动系统和操纵系统等。

（一）收割台

为适应系列机型和农业技术要求，收割台割幅有3.66 m、4.27 m、4.88 m、5.49 m等4种及大豆挠性割台。收割台由台面、拨禾轮、切割器、割台推运器等组成。

（二）脱粒（主机）

脱粒（主机）由脱粒机构、分离机构及清选机构、输送机构等构成。

（三）发动机

JL-1100自走式联合收割机采用法国纱朗公司生产的6359TZ02增压水冷直喷柴油机，功率为110 kW（150马力）。

（四）液压系统

JL-1100自走式联合收割机液压系统由操纵和转向两个独立系统所组成，分别对收割台的升降和减震、拨禾轮的升降、行走的无级变速、卸粮筒的回转、滚筒的无级变速及转向进行操纵和控制。

（五）电气系统

电气系统分为电源部分和用电部分。电源部分为一只12V6-Q-126型蓄电池和一个九管硅整流发电机。用电部分包括启动马达、报警监视系统、拨禾轮调速电动机、燃油电泵、喷油泵电磁切断阀、电风扇、雨刷、照明装置等。

（六）行走系统

行走系统由驱动部分、转向系统、制动器等组成。驱动部分有双级增扭液压无级变速、常压单片离合器、四挡变速箱、一级直齿传动边减系统等。制动器分脚制动式和手制动式，为盘式双边制动器，由单独液力系统操纵。转向系统采用液力转向方式。

（七）传动系统

传动系统的动力由发动机左侧传出，经皮带或链条传动，传给收割台、脱粒（主机）和行走系统。

(八)操纵系统

操纵系统主要设置在驾驶室内。

二、谷物联合收割机的调整

(一)收割台的调整

收割台是联合收割机的重要组成部分,主要负责作物的切割和输送工作。市场上常见的收割台割幅通常有两种规格,分别为 2.75 m 和 2.5 m。使用普通割台时,用户可以根据本地的具体收获需求,自行调节割茬的高度,可以通过调整设备的升降来实现。割茬高度的常规设置范围为 100~200 mm。在实际操作中,如果条件允许,建议尽量保持较高的割茬高度,这有助于提高联合收割机的整体工作效率。

1. 拨禾轮的调整

3080 型联合收割机配备了偏心弹齿式拨禾轮,拨禾轮在收割倒伏作物时表现优异,具有多种可调功能,用户在使用时需特别注意以下几点。

(1)拨禾轮转速的调整。拨禾轮的转速可以通过两种方式进行调整:一种是改变链条挂接在不同齿数的链轮上来变更转速;另一种是通过调整带传动,改变 3 根螺栓的位置来调整带盘的开度,调整后需要重新张紧传动带。

(2)拨禾轮转速的选择。拨禾轮的转速应根据主机行进速度进行选择。行进速度越快,拨禾轮的转速也相应提高,但应避免过高的转速导致落粒损失。理想状态下,拨禾轮应轻微地向后拨动作物,使作物平稳铺放到割台上。

(3)拨禾轮高度的调整。拨禾轮的高度应适应作物的高度,并可通过液压手柄进行实时调整。为确保作物平稳输送,拨禾轮的齿耙管应设置在作物重心的 2/3 高度处。

(4)倒伏作物的收割。收割倒伏作物时,应降低割台并将拨禾轮调至较低位置,使拨禾轮的弹齿尽可能靠近地面,便于在主机高速运行时提起并切割作物。

(5)割台的调整。根据不同秸秆长度的需求,调整拨禾轮的前、后位置,尤其是在收割稻麦等短秸秆作物时,应将拨禾轮调整到支臂定位孔的后几个孔上,以缩短与中央搅龙的距离,防止作物堆积,确保顺畅喂入。

(6)弹齿方向的调整。拨禾轮齿耙管上的弹齿方向可以通过偏心装置调整,通常应保持垂直于地面。在收割倒伏作物或稀疏矮小作物时,应调整为向后倾斜,以促进作物输送。调整时,需要松开两个可调螺栓,调整偏心盘后再紧固螺母。

(7)支承轴承的润滑。拨禾轮的支承轴承为滑动轴承,为防止由于缺油造成的磨损,应每天向轴承注油1~2次。

2. 切割器的调整

往复式设计的切割器拥有出色的切割性能,在高达10 km/h的作业速度下能够精确进行切割,有效避免漏割现象。切割器的动刀片采用齿形自磨刃结构,通过直径为5 mm的铆钉牢固地固定在刀杆上,增强了切割的稳定性和耐用性。

在护刃器部分,往复运动的刀杆应维持适当的前后间隙。如果间隙太小,刀杆的活动将受到限制;如果间隙太大,则容易因为杂物堵塞而影响其运动。理想的刀杆前后间隙应调整到大约0.8 cm。调整方法包括松开刀梁上的螺栓,然后适当移动摩擦片来调整间隙。

动刀片与定刀片之间的切割间隙通常设定为0~0.8 mm,可以通过轻敲护刃器或调整护刃器与刀梁之间的垫片来进行调整。

考虑到摇臂和球铰部件在运行中可能会产生较大的振动,建议每天向这些部位的三个油嘴注入润滑脂,以确保它们的正常运作和延长使用寿命。这样的维护措施有助于保持切割器的高效率和长期稳定性。

3. 中央搅龙的调整

中央搅龙及其伸缩齿与割台体共同构成了联合收割机的推运器,适当地调整中央搅龙的位置及其与割台的输送间隙对确保作物顺利喂入是非常重要的。下面是调整中央搅龙及相关部件的具体步骤。

(1) 调整中央搅龙位置。如果观察到搅龙前方有作物堆积,应适当地向前或向下调整中央搅龙。即可以通过松开两侧的调整板螺栓,移动调整板来实现搅龙的位置调整。调整完成后,需确保两侧的间隙保持一致,并重新紧固螺栓。同时,检查并调整传动链条的张紧度。

(2) 防止谷物回带现象。如果中央搅龙的动作导致谷物回带,应适当后移中央搅龙,减小搅龙叶片与防缠板之间的间隙。

(3) 清除堵塞。如果搅龙叶片与割台底板间发生堵塞,可以通过调整搅龙调整板来减少搅龙叶片下方的间隙。

(4) 调整伸缩齿间隙。伸缩齿与底板间的间隙越小,其抓取作物的能力越强。这个间隙可调整至5~10 mm。通过操作右侧的调整手柄,松开螺栓后向上或向下扳动伸缩齿,并在调整到适当位置后紧固螺栓。

(5) 摩擦片式安全离合器的调整。为防止中央搅龙因堵塞引起故障,其传动轴上装配有摩擦片式安全离合器。出厂时,弹簧长度通常设定为37 mm。根据作业条件,可以适当调整弹簧的紧度,确保摩擦片在正常情况下不滑转,而在扭矩过大可能导致损坏时能够滑转。需要注意的是,安全离合器为干式设计,不应加润滑油,以免影响其正常功能。

4. 倾斜输送器（过桥）的调整

割台与主机之间通过过桥连接，并利用输送器与链耙来输送谷物。主动辊位置是固定的，而被动辊位置可以浮动，这样可以根据谷物量的变化自动调整，确保浮动辊及其链耙始终紧压作物，形成稳定的谷物流动。下面是调整间隙和输送链预紧度的具体步骤。

（1）间隙调整。在非工作时间，根据所收割的作物种类调整间隙。

① 收割如稻麦等小籽粒作物时，应将浮动辊正下方的链耙齿与过桥底板之间的距离调整为 3～5 mm。

② 收割如大豆等大籽粒作物时，间隙应调整为 15～18 mm。

③ 调整间隙可以通过旋转过桥两侧弹簧上端的螺母来实现。

（2）输送链预紧度调整。打开检视口，使用 150 N 的力向上提拉输送链。链条应能提起 20～35 mm。如果提升高度不符合此标准，则需调整浮动辊的前后位置以达到适当的紧度。

调整时，拧动过桥两侧的调整螺栓以改变浮动辊的位置。

注意：过桥的主动轴上装有防缠板，此部件不应被拆除，因为它有助于防止物料缠绕在轴上。

（二）脱粒机构的调整

谷物通过倾斜输送器被送入脱粒机构。脱粒机构由滚筒和凹板组成。在滚筒和凹板的冲击及揉搓作用下，籽粒会从秸秆中脱落。滚筒的转速越高，凹板与滚筒之间的间隙越小，脱粒效果通常越好；反之，则脱粒效果会减弱。

为适应不同作物的收获需求，脱粒滚筒提供了多种转速选择，如 1 200 r/min、1 000 r/min、900 r/min、833 r/min、760 r/min、706 r/min 和 578 r/min，这些转速的调整是通过更换主动带轮和被动带轮来实现的。例如，收获小麦时，推荐选择 1 000 r/min 或 1 200 r/min 的转速；收获水稻时，推荐选择 1 000 r/min、900 r/min、833 r/min、760 r/min 或 706 r/min 的转速。特别地，收获水稻时通常使用钉齿滚筒和钉齿凹板。

对于大豆的收获，为了达到最佳的脱粒效果，需要更换传动部件以调整滚筒转速。例如，通过更换右侧三联带传动的两个三槽带盘，将主动盘更换为 φ202 mm，被动盘更换为 φ332 mm，可将分离滚筒的转速调整为 600 r/min。同时，第一滚筒传动带盘的主动盘更换为 φ305 mm，被动盘更换为 φ355 mm，使脱粒滚筒的转速达到 706 r/min。此外，第二滚筒左侧链传动的被动链轮应从 25 齿更换为 18 齿。

在使用过程中，发动机需要全油门运行以保证足够的转速。如果发现转速不足，应检查发动机的空气滤清器和柴油滤清器是否堵塞,以及传动带是否过松。同时,应避免超负荷作业,以免滚筒堵塞,清理堵塞耗时费力。如果滚筒发生堵塞,切勿强行运转以免损坏传动带,应适当增大凹板间隙,并从滚筒前侧进行清理。

正确操作脱粒滚筒,按照作物条件调整凹板间隙,是确保高效脱粒和最小化损失的关键。在收获初期或当谷物相对湿润时,应将凹板间隙调至较小,随着作物干燥,逐渐增大间隙,以适应脱粒需求。凹板间隙的理想设置应保证籽粒脱净,观察第二滚筒的出草口是否有籽粒带出,可以作为调整的参考。这些调整对提高脱粒效率和降低作物损耗极为重要。

(三)分离机构的调整

当谷物通过脱粒滚筒时,约75%~85%的籽粒会在此过程中被脱离,同时还有一小部分籽粒会通过凹板的栅格被分离。这些物料随后被输送到第二滚筒,也就是轴流滚筒,该滚筒不仅起到复脱的作用,还负责完成籽粒的进一步分离。在高速旋转的滚筒和配合揉搓的凹板作用下,剩余的籽粒被逐渐脱离,并通过离心力实现籽粒与细小物料在凹板中的分离。

轴流滚筒的设计包括下半部为栅格式凹板和上半部为无孔的滚筒壳体,装有螺旋导向叶片。这些导向叶片在高速旋转时将稻草等物料沿轴向推向滚筒的排草门。为了确保在脱粒和分离性能的同时,保持稻秆的完整性并减少下一级清选系统的物料量,从而减轻其负荷,一个有效的策略是降低第一滚筒的脱粒能力。

特别是在收获水稻时,分离滚筒与凹板间的间隙应从通常的40 mm调整至15 mm。调整间隙时,需要紧固螺母并手动转动滚筒,以检查是否存在刮碰现象,确保调整后的间隙合适并且滚筒运转顺畅。这种调整有助于提升脱粒效率,并保持作物秸秆的完整性,从而优化整个收获过程的效率和效果。

(四)清选系统的调整

清选系统由阶梯板、上筛、下筛、尾筛、风扇和筛箱等组成。系统设计使得阶梯板、上筛和尾筛位于上筛箱中,而下筛位于下筛箱中。这种上、下筛交互运动的设计有效消除运动冲击和平衡惯性力,不仅提供较大的清选面积,还配备了多种调整机制,以实现最佳的清选效果。

1. 筛片开度的选择

筛片开度可调整,主要通过筛子下方的调整杆来实现。开度,即两片筛片之间的垂直距离。根据作物潮湿度,选择合适的开度:潮湿度大时,选择较大开度;潮湿度小时,则选择较小开度。通常,上筛开度较大,下筛开度较小,尾筛开度略大于上筛。

2. 风量大小的选择

风量的调整基于颖壳、秸秆和籽粒之间的密度差异。风量应足以使密度较低的秸秆和颖壳几乎全部悬浮，主要使筛面接触籽粒和少量短秸秆。风量越大越好，只要不将籽粒吹走。

3. 风向的选择

风扇出风口安装的导风板可将下侧的大风量向上分流，合理导引至筛子各处。导风板调整手柄的位置根据作物种类调整，如稻麦等小籽粒作物时调整到第一或第二凸台之间；大籽粒作物时调整到第二、第三或第三、第四凸台之间。

4. 杂余延长板的调整

筛子下方的杂余延长板调整对控制尾筛后侧的籽粒或杂余回收至关重要，以降低清选损失。杂余延长板位置通过松开两侧螺栓调整，调整至适当位置后插入销子固定。

5. 杂余总量的限制

杂余是指脱粒机构未能脱下的小穗头等。如果杂余系统中的杂余总量过多，可能是因为非杂余成分如短秸秆和籽粒错误地进入了该系统。正确调整筛子开度、风量、风向以及杂余延长板是减少杂余量的关键。

（五）粮箱和升运器的调整

升运器的输送链松紧度调整至关重要，可以通过以下步骤进行。

1. 输送链的松紧度调整

先打开升运器下方的活门，用手左、右扳动链条，确保链条在链轮上可以适度左、右移动。如果链条的松紧度不合适，应通过调整升运器上轴的位置来进行调整。操作方法是松开升运器壳体上的螺栓（每侧一个），然后用扳手转动调整螺母，使升运器上轴向上或向下移动，调整至适宜的松紧度后，重新紧固螺母。过松的链条会导致刮板过早磨损，而过紧则可能导致下搅龙轴损坏。

2. 传动带的松紧度调整

传动带的适当松紧度同样关键，过松可能导致丢转，过紧则可能损坏搅龙轴。

3. 粮箱管理

粮箱的容积为 1.9 m^3，当粮箱满时应及时卸粮，以避免对升运器等零部件造成损害。粮箱底部装有推运搅龙，通过调整板可调整粮食流动速度。间隙的选择应根据粮食的干湿程度及含杂率来决定，湿度大的粮食间隙应小，反之则应大些；但注意开度不宜过大，以免卸粮过快导致搅龙损坏。

4. 卸粮操作

带卸粮筒的联合收割机：在卸粮时，应使用大油门，并确保一次性将粮食完全卸出。卸粮前，必须确保卸粮筒已转至卸粮位置，否则易损坏万向节等零部件。

不带卸粮筒的收割机：在卸粮时，先让粮食自流，当自流速度减缓时，再接合卸粮离合器。这样做是为了避免损坏推运搅龙等零部件。

（六）行走系统的调整

行走系统是联合收割机的核心部分，涵盖了发动机的动力输出端、行走无级变速器、增扭器、离合器、变速箱、制动机构、转轮桥、轮胎气压等关键组件。

1. 动力输出端

动力输出端通过双联传动带将发动机的动力传递给行走无级变速器，并通过三联传动带传递给脱谷部分。动力输出半轴依靠两个注油轴承支撑，需要定期注油以保持润滑。若检测到异常高温，应检查或更换轴承。

2. 行走无级变速器

内侧双槽带轮通过双联传动带与动力输出端相连，外侧是行走无级变速盘，通过调整动盘和定盘的相对位置来改变行走速度。这些调整通过驾驶室的无级变速液压手柄控制。润滑也非常重要，需定期注油。

3. 增扭器

增扭器自动调整传动带的张力，适应行走阻力的变化，通过改变动盘的工作半径来实现增速和减速。因动定盘和推力轴承频繁活动，也需要定期注油。

4. 离合器

（1）拆卸与安装：拆卸前应标记所有部件以确保正确重装，避免破坏动平衡。

（2）调整：调整离合器间隙，确保分离压爪与离合器壳体表面距离合适。

（3）使用注意事项：确保离合器平稳接合和完全分离，避免过度磨损。

5. 变速箱

（1）功能描述：提供三个前进挡和一个倒挡，各挡速度不同。

（2）调整：如掉挡，需调整变速软轴。

（3）维护：按规定时间更换齿轮油，确保良好的润滑状态。

6. 制动机构

（1）坡地停车：使用锁片确保制动可靠性。

（2）操作：制动器为蹄式，制动间隙调整至适当位置保证安全。

（3）调整：定期检查并调整制动间隙。

7. 转轮桥

正确的前束调整防止轮胎过早磨损，通过拧松并调整转向拉杆完成。

8. 轮胎气压

驱动轮胎的压力应设定为280 kPa，而转向轮胎的压力设定为240 kPa。

三、谷物联合收割机使用的注意事项

（一）动力机构使用的注意事项

确保收割机发动机性能最佳，需密切关注其润滑系统和燃油系统的维护。

1. 润滑系统使用的注意事项

（1）机油油位检查：定期使用油尺检查机油油位，确保其在上、下刻线之间。油位过低会影响发动机润滑，应及时补充机油；油位过高则可能引起烧机油，应适量放出机油。

（2）机油类型选择：3080型收割机的发动机推荐使用CC级或更高等级如CD级的柴油机油。夏季建议使用40号机油，冬季则使用30号或20号机油。全季节可选用SAE 15W/40复合型机油，这种机油适合冬夏使用，且是机器出厂时的标配。

（3）换油周期：新机首次运转60 h后需更换机油，此后每运转150 h更换一次。建议在热车状态下进行机油更换，以保证老旧机油完全排出。

2. 燃油系统使用的注意事项

（1）柴油选择：确保使用的柴油符合环境温度要求，油号应选择0号或更低凝点的柴油（如–10号、–20号、–35号），以确保柴油的凝点至少比当地最低温度低5 ℃。

（2）油箱管理：3080型收割机的油箱容量为110 L，加油时应达到滤网的下边缘，避免油箱干空。作业结束后，应让油品沉淀24 h以上后再加入油箱，并每天工作前开启排污口，排放沉淀的水分和杂质。

（3）柴油滤清器维护：根据使用的柴油清洁度定期清理柴油滤清器。不要等到发动机功率不足或冒黑烟时才进行清理。清理时应卸下滤芯，并用柴油彻底清洗干净。

3. 冷却系统使用的注意事项

（1）冷却水位检查。定期检查冷却水位，确保水位处于散热片上边缘。如果水位不足，应及时添加冷却水，避免发动机过热。

（2）冷却水的添加。补充冷却水后启动发动机进行预热，预热后检查并调整水位，确保发动机在运行过程中冷却水充足。

（3）放水操作。为防止冬季冻裂，发动机的三个放水阀（位于机体上、水箱下和机油散热器下）应在气温低于冰点前使用，放掉所有普通水。

4. 进气系统使用的注意事项

（1）粗滤器的维护。进气系统的粗滤器负责过滤空气中的大粒灰尘，应定期清理粗滤器，保持空气流通畅通。如果发动机排气系统出现黑烟或功率下降，可能是空气细滤器阻塞所致。

（2）空气细滤器的清理。拧下空气细滤器端盖的旋钮，取下端盖，然后取出滤芯进行清理。通常可通过在轮胎上轻轻拍打滤芯来去除灰尘。建议每天进行两次这样的保养操作。

（二）液压系统使用的注意事项

3080型联合收割机的液压系统负责控制割台的升降、拨禾轮的升降、行走的无级变速以及转向功能。系统通过液压泵将发动机的机械能转化为液压能，再通过控制阀门，利用液压油推动油缸实现液压能到机械能的转换，从而操作相应的机械部件。系统内的压力根据工作负荷的变化而调整。

此外，液压系统需采用指定的N46低凝稠化液压油，严禁使用劣质液压油或其他类型油品，以避免系统故障。液压油在流通过程中会产生热量，油箱同时起到散热器的作用，因此保持油箱表面清洁对于散热至关重要。油箱的容量是15 L，当所有工作油缸完全收回时，油位应保持在加油口滤网底面以上10~40 mm。建议在每个收获季后或每500 h更换一次液压油和滤清器。

在更换滤清器时，可以手动或使用加力杆拧紧。更换前，应在滤清器和其座之间的密封件上涂抹润滑油，安装时确保密封性好。如果在拧紧后发现有漏油现象，应适当进行再次拧紧。使用完毕的液压手柄应能自动复位至中位，以避免液压系统长时间处于高压状态，防止因高温导致的零部件损坏。液压系统的正常工作温度应控制在60℃以下。

液压转向机使用时应仅需5 N·m扭矩，操作轻便。如果转向操作感觉沉重，应检查液压油量是否充足，液压油是否变质，液压泵是否漏油，以及转向系统的其他机械部件是否存在损耗或故障。如果转向失灵，可能是由于弹片、拨销断裂，或联动轴和转子装配不当等原因造成的。安装新的转向机时，应在启动前反复快速转动转向盘，以排除系统内的空气，确保转向机的正常功能。同时，注意进油管和回油管不可接反，以免损坏转向机。

（三）电气系统使用的注意事项

3080型联合收割机的电气系统使用12 V直流电源，采用负极搭铁的接地方式。电气系统涵盖电源、启动系统、仪表显示及信号照明等重要部分，对这些电气部件的合理和安全使用至关重要。

1. 蓄电池的维护

（1）使用6-Q-165型号的蓄电池。定期检查电解液的液面，确保液面高于电极板

10～15 mm。如果电解液水平下降，应根据原因适当添加电解液或蒸馏水，禁止使用浓硫酸或非规定的电解液及普通水。

（2）非收获季节应拆下蓄电池，存放在通风干燥的地方，并每月充电一次，充电电流不得超过 16.5 A。

2. 启动系统的注意事项

（1）启动发动机后，启动开关应能自动回位。如果无法自动回位，需要进行修理或更换，以防启动电机烧毁。

（2）启动电机的工作时间不宜超过 10 s，启动后需间隔 2 min 再次启动，连续启动次数不得超过 4 次。

3. 发电机的维护

使用硅整流三相交流发电机，需与外部调节器配合使用。检查发电机是否发电时，禁止使用对地打火的方式，并定期清理发电机上的灰尘与油垢。

4. 保险丝和电路的检查

（1）保险丝分为总保险丝和分保险丝，总保险丝位于发动机上，容量为 30 A；分保险丝设置在驾驶座下。使用时禁止用导线或超出规定容量的保险丝替代，以确保系统安全。

（2）使用前和使用中，应检查所有导线与电器的连接是否松动，保证连接良好，同时避免正极导线裸露搭铁，确保使用安全。

合理地管理和维护这些系统不仅是设备稳定运行的保障，也是确保操作安全的关键。

四、谷物联合收割机的常见故障及排除方法

（一）收割台部分的常见故障及排除方法

1. 出现割刀堵塞

原因：①遇到石块、木棍、钢丝等障碍物；②动、定刀片间隙过大，塞草；③刀片或护刃器损坏；④作物茎秆太低、杂草过多；⑤动、定刀片位置不"对中"。

排除方法：①立即停车，清理故障物；②正确调整刀片间隙；③更换损坏刀片或护刃器；④适当提高割茬；⑤重新"对中"调整。

2. 出现切割器刀片及护刃器损坏

原因：①硬物进入切割器；②护刃器变形；③定刀片高低不一致；④定刀片铆钉松动。

排除方法：①清除硬物、更换损坏刀片；②校正或更换护刃器；③重新调整定刀

片，使高低一致；④重新铆接定刀片。

3. 出现割刀木连杆折断

原因：①割刀阻力太大（如塞草、护刃器不平、刀片断裂、变形、压刃器无间隙）；②割刀驱动机构轴承间隙太大；③木连杆固定螺钉松动；④木材质地不好。

排除方法：①排除引起阻力太大的故障；②更换磨损超限的轴承；③检查、紧固螺钉；④选用质地坚实硬木作木连杆。

4. 出现刀杆（刀头）折断

原因：①割刀阻力太大；②割刀驱动机构安装调整不正确或松动。

排除方法：①排除引起阻力太大的故障；②正确安装调整驱动装置。

5. 出现前端堆积作物

原因：割台搅龙与割台底部间隙过大、茎秆较短、拨禾轮位置过高或过前、拨禾轮转速过低以及机器行进速度过快。

排除方法：根据作物生长状况适当调整间隙，降低割茬高度，调整拨禾轮的高低及前后位置，调节拨禾轮转速和机器行进速度，以适应作物状况。

6. 出现作物搅龙上架空，喂入不畅

原因：机器行进速度过快、拨禾指伸出位置不当或拨禾轮离喂入搅龙距离过远所致。

排除方法：降低机器行进速度，确保拨禾指在最长时伸入前下方，以及适当后移拨禾轮。

7. 出现拨禾轮打落籽粒过多

原因：拨禾轮转速过高、位置偏前导致打击次数多，或者拨禾轮设置过高直接打击到穗头。

排除方法：降低拨禾轮转速，将拨禾轮后移，以及降低拨禾轮的高度。

8. 出现拨禾轮翻草

原因：拨禾轮位置过低、弹齿后倾角过大或位置偏后所导致。

排除方法：调高拨禾轮工作位置，调整拨禾轮弹齿角度，以及适当前移拨禾轮。

9. 出现拨禾轮轴缠草

原因：由于作物生长蓬乱、茎秆过高或湿度过大、草量多或拨禾轮偏低造成的。

排除方法：应停车排除缠草，并适当提高拨禾轮位置。

10. 出现被割作物向前倾倒

原因：机器前进速度过快、拨禾轮转速过低、切割器上有壅土堵塞或动刀片切割速度过低造成的。

排除方法：应适当降低收割速度、增加拨禾轮转速、清理切割器上的壅土，并调整驱动皮带的张紧度。

11. 出现倾斜输送器链耙拉断

原因：①链耙失修、过度磨损；②链耙调整过紧；③链耙张紧调整螺母未靠在支架上，而是靠在角钢上。

排除方法：①修理或更换新耙齿；②按要求调整链耙张紧度；③注意调整螺母一定要靠在支架上，保证链耙有回缩余量。

（二）脱谷部分的常见故障及排除方法

1. 出现滚筒堵塞

原因：①喂入量偏大，发动机超负荷；②作物潮湿；③滚筒凹板间隙偏小；④发动机工作转速偏低，严重变形。

排除方法：①停车熄火清除堵塞作物；②控制喂入量，避免超负荷，适当收割；③合理调整滚筒间隙；④发动机一定要保证额定转速工作。

2. 出现谷粒破碎太多

原因：①滚筒转速过高；②滚筒间隙过小；③作物"口松"、过熟；④杂余搅龙籽粒偏多；⑤复脱器装配调整不当。

排除方法：①合理调整滚筒转速；②适当放大滚筒凹板间隙；③适期收割；④合理调整清选室风量、风向及筛片开度；⑤依实际情况调整复脱器搓板数。

3. 出现滚筒脱粒不净率偏高

原因：①发动机转速不稳定，滚筒转速忽高忽低；②凹板间隙偏大；③超负荷作业；④纹杆或凹板磨损超限或严重变形；⑤作物收割期偏早；⑥收水稻仍采用收麦的工作参数。

排除方法：①保证发动机在额定转速下工作，将油门固定牢固，不准用脚油门；②合理调整间隙；③避免超负荷作业，根据实际情况控制作业速度，保证喂入量稳定、均匀；④更换磨损超限和变形的纹杆、凹板；⑤适期收割；⑥收水稻一定采用收水稻的工作参数。

4. 出现脱粒不彻底、碎粒较多，甚至出现漏脱现象

原因：①纹杆、凹板变形严重；②滚筒转速过高，凹板齿面未充分参与作业；③滚筒转速过低，凹板齿面过度参与作业；④活动凹板间隙过大，且滚筒转速过高；⑤轴流滚筒转速过高。

排除方法：①更换变形的纹杆、凹板；②保持滚筒在额定转速下工作，并调整凹板齿面到工作位置；③保持滚筒在额定转速下工作；④调整滚筒转速和凹板间隙；⑤将轴流滚筒转速降至标准值。

5. 出现滚筒转速不稳定或发出异常声音

原因：①喂入量不均匀，造成瞬时超负荷；②滚筒室存在异物；③螺栓松动或纹杆损坏；④滚筒不平衡；⑤滚筒产生轴向移动并与侧臂摩擦；⑥轴承损坏。

排除方法：①控制作业速度，确保喂入量均匀；②停车清除滚筒室内异物；③停车紧固螺栓，更换损坏纹杆；④重新平衡滚筒；⑤调整并紧固滚筒；⑥更换轴承。

6. 出现茎秆中夹带籽粒偏多

原因：①逐稿器曲轴转速偏低或偏高；②筛孔堵塞；③挡草帘损坏；④横向抖草器损坏；⑤作物潮湿或杂草过多；⑥超负荷作业。

排除方法：①保持曲轴转速在规定范围内（当 R=50 mm 时，n=180～220 r/min）；②定期清除筛孔堵塞物；③修复挡草帘；④修复抖草器；⑤在合适的时间进行收割；⑥控制作业速度，确保喂入量均匀，避免超负荷作业。

7. 出现逐稿器木轴瓦有声响

原因：木轴瓦间隙过大或螺栓松动。

排除方法：调整木轴瓦间隙；紧固螺栓。

8. 出现粮食中含杂偏高

原因：上筛前端开度过大或风量不足。

排除方法：适当减小筛片开度；调整风量。

原因：脱谷部分出现杂余中粮粒太多，可能是由于风量不足或下筛开度过大。

排除方法：增加风量，减小下筛开度。

原因：脱谷部分出现粮食穗头太多，可能是由于上筛前端开度太大、风量太小、滚筒纹杆或凹板损坏或安装不当，以及复脱器损坏。

排除方法：适当调整减小筛片开度；调整风量；更换损坏的纹杆或凹板；修复复脱器，增加搓板。

（三）行走系统的常见故障及排除方法

1. 出现离合器打滑

原因：分离杠杆未在同一平面内、分离轴承润滑过度导致摩擦片油污、摩擦片磨损过度、弹簧力减弱或摩擦片铆钉松动、压盘变形。

排除方法：调整分离杠杆螺母保证平面一致、避免分离轴承过量润滑、清洁摩擦片、更换磨损的摩擦片、替换变形的压盘。

2. 出现离合器分离不彻底

原因：分离杠杆与分离轴承间隙过大或不均匀，或分离轴承损坏，导致主动盘与从动盘无法完全分开。

排除方法：调整分离杠杆与分离轴承的间隙到合适水平，检查并调整杠杆使其平面一致，若偏差超过±0.5 mm，应更换弹簧；替换损坏的分离轴承。

3. 出现挂挡或保持挡位时困难

原因：离合器分离不完全、小制动器间隙过大、齿轮啮合不良、换挡轴锁定机构失效、推拉软轴变长。

排除方法：及时调整离合器和小制动器的间隙、调整软轴长度、调整锁定机构弹簧预紧力、调整推拉软轴调整螺母。

4. 变速箱在工作时有异响

原因：齿轮严重磨损、轴承损坏或润滑油不足或不合规格。

排除方法：更换磨损的齿轮和损坏的轴承、检查并调整润滑油量和类型。

5. 行走系统的变速范围不足

原因：包括变速油缸工作行程不足、变速油缸定位失败、动盘滑动副缺乏润滑或卡死、行走皮带拉长或打滑。

排除方法：检修系统内部泄漏、及时润滑及调整无级变速轮张紧架。

6. 最终传动齿轮室出现异声

原因：①边减半轴移动；②轴承润滑不足或被污物损坏；③轴承座螺栓和紧定套未正确锁紧。

排除方法：①检查并固定边减半轴；②更换并清洗轴承；③紧固螺栓和紧定套。

7. 出现行走无级变速器皮带过早磨损和拉断

原因：①产品质量差；②叉架与机器侧臂不平行，叉架轴与叉架套装配间隙过大；③中间盘盘毂与边盘盘毂间隙过大，工作中中间盘摆动；④限位挡块调整不当，超过正常无级变速范围，三角带常落入中间盘与边盘的斜面内部，皮带局部受夹、打滑；⑤三角皮带太松，产生剧烈抖动打滑；⑥驱动轮（或履带）沾泥挤泥，污染三角带造成打滑；⑦行走负荷重（阴雨泥泞）。

排除方法：①选用合格产品；②装配时保证叉架与机器侧臂的平行和叉架轴与叉架套配合间隙正确；③调整正确的装配间隙；④正确调整挡块位置；⑤注意随时调整三角带张紧度；⑥经常清理驱动轮黏泥；⑦行走负荷重时，应停车变速，尽量避免重负荷时使用无级变速。

（四）液压系统的常见故障及排除方法

1. 出现液压系统所有油缸接通分配器时，不能工作

原因：①油箱油位过低；②油泵未压油；③安全阀的调整和密封不好；④分配器位置不对；⑤滤清器被脏物堵塞。

排除方法：①加油至标准位置；②检查修理油泵；③调整或更换；④检查调整；⑤清洗滤清器。

2. 出现割台和拨禾轮升降迟缓或根本不能升降

原因：①溢流阀工作压力偏低；②油路中有空气；③滤清器被脏物堵塞；④齿轮泵内泄；⑤齿轮泵传动带未张紧；⑥油缸节流孔堵塞；⑦油管漏油或输油不畅。

排除方法：①按要求调整溢流阀工作压力；②排气；③清洗滤清器；④检查泵内卸压片密封圈和泵盖密封圈；⑤按要求张紧传动带；⑥卸开油缸接头、清除脏物；⑦更换油管。

3. 出现收割台或拨禾轮升降不平稳

原因：油路中有空气。

排除方法：在油缸接头处排气。

4. 出现割台升不到所需高度

原因：油箱内油太少。

排除方法：加至规定油面。

5. 割台和拨禾轮升至位置后自动下降的问题

原因：①油缸密封圈出现泄漏；②分配阀磨损或轴向位置错误；③单向阀密封不完善。

排除方法：①更换损坏的密封圈；②修复或更换有问题的滑阀和操作机构；③磨平单向阀的锥面并替换其密封圈。

6. 油箱内出现大量泡沫

原因：①油箱被空气或水侵入；②油泵内部漏气吸入空气所致。

排除方法：①紧固吸油管，修补油泵的密封件；②更换破损的油封，如果油中含水则需更换新油，并检查密封以确保无漏点。

7. 液压转向系统出现跑偏

原因：转向器的销钉变形或损坏、转向弹簧片功能失效或联动轴开口变形引起。

排除方法：将设备送至专业修理厂进行维修。

8. 出现液压转向慢转轻、快转重

原因：油泵供油不足，油箱不满。

排除方法：检查油泵工作是否正常，保证油面高度。

9. 出现方向盘转动时，油缸时动时不动

原因：转向系统油路中有空气。

排除方法：排气并检查吸油管路是否漏气。

10. 出现转向沉重

原因：①油箱不满；②油液黏度太大；③分流阀的安全阀工作压力过低或被卡

住；④阀体、阀套、阀芯之间有脏物卡住；⑤阀体内钢球单向阀失效。

排除方法：①加油至要求油面。②使用规定油液。③调整、清洗分流阀的安全阀。④清洗转向机。⑤如钢球丢失，应重补装钢球；如有脏物卡住，应清洗钢球。

11. 出现安全阀压力偏低或偏高

原因：①安全阀开启压力调整不合适；②弹簧变形，压力偏小或过大。

排除方法：①在公称流量情况下，调安全阀压力；②检查弹簧技术状态和安装尺寸，增加或减少调压垫片。

12. 出现稳定公称流量过大

原因：①分流阀阀芯被杂质卡住；②分流阀阀芯弹簧压缩过大；③阀芯阻尼孔堵塞。

排除方法：①清洗阀芯，更换液压油；②检查装配情况，调整弹簧压力；③清洗阻尼孔道，更换清洁液压油。

13. 出现方向盘压力振摆明显增加，甚至不能转动

原因：拔销或联动器开口折断或变形。

排除方法：更换损坏件。

14. 出现稳定公称流量偏低

原因：①配套油泵容积效率下降，油泵在发动机低速时，供油不足，低于稳定公称流量；②分流阀阀芯或安全阀阀芯被杂质卡住；③阀芯弹簧或安全阀弹簧损坏或变形；④分流阀阀芯或安全阀阀芯磨损，间隙过大，内漏增大；⑤安全阀座密封圈损坏。

排除方法：①更换或修复油泵；②清洗阀芯，并更换清洁液压油；③更换新弹簧；④更换新阀芯；⑤更换新密封圈。

15. 出现转向失灵、方向盘不能自动回中

原因：弹簧片折断。

排除方法：更换新品。

16. 液压系统遇到方向盘无法正确回转或出现左右摆动的问题

原因：转子与联动器的位置安装错误。

排除方法：确保联动器上带有冲点的齿与转子花键孔带冲点的齿正确啮合。

17. 当液压系统的油泵工作时发出噪声过大

原因：油箱油面过低、吸油路不畅或吸油路密封不严导致吸入空气。

排除方法：将油箱加油至规定的油面高度，检查并疏通油路，并确保所有连接处密封良好，避免空气进入系统。

18. 液压系统中的卡套式接头出现漏油

原因：被连接的管道没有正确对齐接头体，或螺母未按照正确的方法拧紧。

排除方法：确保被连接的管道正确对准接头体的正接端面，安装时预留 6 mm 左右的距离，边拧紧螺母边轻轻转动管子，当转子不再能转动时，继续拧紧螺母 1～4/3 圈。安装时注意不要扭转管子。

19. 出现无级变速器油缸进退迟缓

原因：①溢流阀工作压力偏低；②油路中有空气；③滤清器堵塞；④齿轮泵内漏；⑤齿轮泵传动皮带松；⑥油缸节流孔堵塞。

排除方法：①按要求调溢流阀工作压力至标准；②排气；③清洗滤清器；④检查更换密封圈；⑤张紧传动皮带；⑥卸掉油缸接头，清除脏物。

20. 出现无级变速器换向阀居中，油缸自动退缩

原因：①油缸密封圈失效；②阀体与滑阀因磨损或拉伤间隙增大，油温高，油黏度低；③滑阀位置没有对中；④单向阀（锥阀）密封带磨损或黏脏物。

排除方法：①更换密封圈；②送专业厂修理或更换滑阀，油面过低加油，选择适合的液压油；③使滑阀位置保持对中；④更换单向阀或清除污物。

21. 出现无级变速器油缸进退速度不平稳

原因：①油路中有空气；②溢流阀工作不稳定；③油缸节流孔堵塞。

排除方法：①排气；更换新弹簧；②卸开接头、清除污物。

22. 出现熄火转向时，方向盘转动而油缸不动（不转动）

原因：转子和定子的径向间隙或轴向间隙过大。

排除方法：更换转子。

（五）电气系统的常见故障及排除方法

1. 出现蓄电池经常供电不足

原因：①发电机或调节器有故障，没有充电电流；②充电线路或开关触点锈蚀，接头松动，充电电阻增高；③蓄电池极板变形短路；④蓄电池内电解液太少或比重不对；⑤发电机皮带太松。

排除方法：①检修发电机、调节器；②清除触点锈蚀、拧紧各接线头；③更换干净电解液，更换变形极板；④添加电解液至标准，检查比重；⑤张紧皮带。

2. 出现蓄电池过量充电

原因：调节器不能维持所需要的充电。

排除方法：电压调整或更换调节器。

3. 出现蓄电池充电不足（充不进电）

原因：①极板硫化严重；②电解液不纯；③极板翘曲。

排除方法：①更换极板；②更换纯度高的电解液；③更换新极板。

4. 出现起动机不转

原因：①保险丝熔断；②接头接触不良或断路；③蓄电池没电或电压太低；④电刷、换向器或电源开关触点接触不良；⑤起动机内部短路或线圈烧毁。

排除方法：①更换保险丝；②检查清理接头、触点和线路；③蓄电池充电或更换新蓄电池；④调整电刷弹簧压力，清理各接触点；⑤更换新起动机。

5. 出现起动机有吸铁声，但无力启动发动机

原因：①蓄电池电压过低；②电源开关的铁芯行程不对；③环境温度太低；④启动机内部故障。

排除方法：①充电、补充电解液，或更换新蓄电池；②通过偏心螺钉调整；③更换新起动机；④更换新启动机。

6. 出现发动机启动后，齿轮不能退出

原因：①开关钥匙没回位；②电源开关的触点熔在一起；③电源开关行程没调好。

排除方法：①启动后，开关钥匙应立即回位；②锉平或用砂纸打光触点；③调整偏心螺钉。

7. 出现发电机不能发电或发电不足

原因：①线路接触不良或接错；②定子或转子线圈损坏；③电刷接触不良；④调节器损坏；⑤皮带太松。

排除方法：①对照电路图和接线图检查并保证各接点接触良好；②换新发电机；③调整或换新炭刷；④换新调节器；⑤张紧皮带。

8. 出现仪表不指示

原因：①线路接触不良；②保险丝熔断；③传感器损坏。

排除方法：①检查并拧紧螺钉；②换新保险丝；③换新传感器。

9. 出现灯泡不亮

原因：①开关损坏，线路接触不好；②保险丝熔断，灯泡坏。

排除方法：①换新开关，检查拧紧各接触点；②换相同规格保险丝，换灯泡。

（六）发动机的常见故障及排除方法

1. 发动机工作时震动大（不平稳）

原因：①机油不足；②燃油系统进气；③供油提前角不正确；④喷油器阀体烧毁黏着；⑤发动机内部问题。

排除方法：①添加对号机油至标准油面；②排气；③送专业厂（所）修理；④送专业厂（所）修理；⑤送专业厂（所）修理。

2. 发动机启动困难或不能启动

原因：①无燃油；②油水分离器滤芯堵塞；③燃油系统内有水、污物或空气；④燃油滤芯堵塞；⑤燃油牌号不正确；⑥启动回路阻抗过高；⑦曲轴箱机油黏度值过高；⑧喷油嘴有污物或失效；⑨喷油泵失效；⑩发动机内部问题。

排除方法：①加油，并给供油系统排气；②清洗或更换新滤芯；③定期放油箱沉淀，加清洁燃油，排气；④更换滤芯、排气；⑤使用适合于使用条件的燃油；⑥清理、紧固蓄电池及起动继电器上的线路；⑦换用黏度和质量合格的机油；⑧修理或更换新油嘴；⑨送修理厂修理、校正油泵；⑩送修理厂修理。

3. 发动机运转不稳定，经常熄火

原因：①冷却水温太低；②油水分离器滤芯堵塞；③燃油滤芯堵塞；④燃油系统内有水、污物或空气；⑤喷油嘴有污物或失效；⑥供油提前角不正确；⑦气门推杆弯曲或阀体黏着。

排除方法：①运转预热水温超过60 ℃时工作；②更换滤芯；③更换滤芯并排气；④排气、冲洗重新加油并排气；⑤送专业厂（所）修理；⑥送专业厂（所）修理；⑦送专业厂（所）修理。

4. 发动机功率不足

原因：①供油量偏低；②进气阻力大；③油水分离器滤芯堵塞；④发动机过热。

排除方法：①检查油路是否通畅，是否有气，校正油泵；②清洁空气滤清器；③更换滤芯；④参看"发动机过热故障"排除。

5. 发动机过热

原因：①冷却水不足；②散热器或旋转罩堵塞；③旋转罩不转动；④风扇传动带松动或断裂；⑤冷却系统水垢太多；⑥节温器失灵；⑦真空除尘管堵塞；⑧风扇转速低；⑨风扇叶片装反。

排除方法：①加满水，并检查散热器及软管是否渗漏；②清理散热器和旋转罩（防尘罩）；③传动带脱落或断裂，更换；④更换损坏传动带；⑤彻底清洗、排垢；⑥更换新品；⑦清理除尘管；⑧调整皮带紧度；⑨重新正确装配。

6. 发动机机油压力偏低

原因：①机油液面低；②机油牌号不正确；③机油散热器堵塞；④油底壳机油污物多，吸油滤网堵塞。

排除方法：①加至标准液面；②更换正确牌号机油；③清除堵塞或送专业人员修理；④更换清洁机油，清洗滤网。

7. 发动机机油消耗过大

原因：①进气阻力大；②系统有渗漏；③曲轴箱机油黏度低；④机油散热器堵塞；⑤拉缸或活塞环对口；⑥发动机压缩系统磨损超限。

排除方法：①检查清理空气滤清器，清理进气口；②检查管路、密封件和排放塞等是否渗漏；③换用标号正确的机油；④清理堵塞；⑤拉缸或活塞换对口；⑥送专业人员修理。

8. 发动机燃油耗量过高

原因：①空气滤清器堵塞或有污物；②燃油标号不对；③发动机正时不正确；④油泵供油量偏大；⑤供油系统渗漏严重。

排除方法：①清除堵塞、清理过滤元件；②换用标号正确燃油；③送专业人员修理；④重调标准供油量；⑤检查清理排气不畅。

9. 发动机冒黑烟或灰烟

原因：①空气滤清器堵塞；②燃油标号不正确；③喷油器有缺陷；④油路内有空气；⑤油泵供油量偏大；⑥供油系统渗漏。

排除方法：①清除堵塞；②更换符合要求标号燃油；③换新件或送专业人员修理；④排气；⑤检查清理排气不畅；⑥请专业人员修理。

10. 发动机冒白烟

原因：①发动机机体温度太低；②燃油牌号不正确；③节温器有缺陷；④发动机正时不正确。

排除方法：①预热发动机至正确工作温度；②使用十六烷值的燃油；③拆卸检查或更换新品；④送专业人员修理。

11. 发动机出现冒蓝烟

原因：①发动机活塞环对口；②发动机压缩系统磨损超限；③新发动机未磨合；④曲轴箱油面过高。

排除方法：①重新安装活塞环；②送专业人员修理、更换磨损超限零件；③按规范磨合发动机；④放沉淀、使油面降至标准。

第三节 玉米果穗联合收割机的应用与维护

玉米作为我国主要粮食作物之一，在种植面积上占据重要地位，因此玉米收割机械的需求也在不断增加。

一、玉米果穗联合收割机的构造及工作过程

玉米果穗联合收割机拥有多个主要组件，包括割台（摘穗部分）、倾斜输送器（过桥）、升运器、剥皮机（果穗剥皮）、籽粒回收装置、粮箱、卸粮装置、传动系统、切碎

器（秸秆还田）、发动机、行走机构、液压系统、电气系统和控制系统等。

在操作过程中，玉米果穗联合收割机进入田间时，分禾器首先将禾秆从根部立正并引导至带拨齿的拨禾链。拨禾链将茎秆引入摘穗板和拉茎辊之间，利用每行的一对拉茎辊向下拉扯禾秆。摘穗板位于拉茎辊之上，其间隙设计小于果穗直径，以便于摘取果穗。摘取后的果穗通过拨禾链传送至横向搅龙，再由倾斜输送器送至升运器，均匀输送至剥皮装置。在剥皮装置中，星轮驱动的剥皮辊将玉米果穗从苞叶中剥离，剥离后的果穗通过抛送轮进入果穗箱，而苞叶通过输送螺旋被推至一侧，并通过排茎辊排出机外。在剥皮过程中，部分脱落的籽粒被收集在好粒回收箱内。当果穗箱满时，操作员可以控制粮箱进行卸粮，剥离的苞叶及落下的茎秆通过切碎器进行切碎后用于还田。

二、玉米果穗联合收割机的调整

（一）割台

割台主要由分禾器、橡胶挡板、喂入链、摘穗板、拉茎辊、中央搅龙等组成。

1. 分禾器的调整

在作业状态下，分禾器的高度和位置调整十分关键。分禾器应保持平行于地面，高度控制为10～30 cm。在收割倒伏作物时，分禾器需紧贴地面进行仿形，以确保效率和安全。如果在土壤松软或湿地区域作业，应适当抬高分禾器，避免石块或其他杂质进入机械内部，从而保护机械不受损害。

当收割机需要在公路上行驶时，为避免分禾器受损，应将其向后折叠并固定，或者完全拆除后固定。分禾器与护罩之间是通过开口销连接的。只需拆除开口销和销轴，分禾器便可轻松拆卸，以适应不同的运输或存储需求。

2. 橡胶挡板的调整

橡胶挡板用于防止玉米穗从拨禾链中滑落外部，避免造成损失。在收割倒伏玉米或遇到堵塞时，应卸下挡板以防止玉米被推出。卸下挡板后，应将其与固定螺栓一起安放在安全的地方。

3. 喂入链、摘穗板的调整

喂入链的张紧度通过弹簧自动调节，弹簧的调节长度为11.8～12.2 cm。摘穗板用于从茎秆上摘下玉米穗，其安装间隙：前端3 cm，后端3.5～4 cm，尽量加宽摘穗板的开口，以减少杂草和断茎秆的进入。

4. 拉茎辊间隙的调整

拉茎辊主要用于引导和拉扯玉米茎秆，这些辊子位于摘穗架的下方，需要保持平行对齐，其中心距离应保持为8.5～9 cm。间隙的调整可以通过调节手柄来完成。为了确保调整的对称性和均匀性，必须同时调整整组拉茎辊，并在调整完成后紧固锁定螺母。如果拉茎辊间隙过小，摘穗过程中可能会导致茎秆被掐断；如果拉茎辊间隙过大，摘穗过程中可能会引起拨禾链堵塞，影响作业效率。

5. 中央搅龙的调整

为保证果穗输送的平稳可靠，中央搅龙的叶片应尽量靠近搅龙底壳，理想的间隙应小于10 mm。如果间隙过大，果穗可能在输送过程中被啃断或发生掉粒现象；反之，如果间隙过小，则可能会刮擦到底板，损坏果穗或机器。调整时应仔细测量和调节，确保既不损伤果穗也不影响机器的正常运行。

（二）倾斜输送器

倾斜输送器，又称过桥，主要功能是连接割台和升运器，通过围绕上部传动轴的旋转提升割台，确保在公路运输和田间作业时，割台与地面间能调整至适当的高度。

作物通过过桥的刮板上方向后部输送。观察盖则用于检查链条的松紧度。在中部提起刮板时，刮板与下部隔板之间的间隙应为60 mm，允许误差范围为±15 mm。两侧链条的松紧度应保持一致。出厂时，两侧螺杆的长度应为52 mm，允许误差为±5 mm。由于使用过程中链节可能会伸长，因此需要及时进行调整。

调整链条松紧度的方法是：使用扳手旋转固定在固定板两侧的螺母，通过旋入或旋出来调整数值，以达到理想的链条张力。

（三）升运器

升运器的作用是从倾斜输送器得到作物，然后将玉米输送到剥皮机。升运器中部和上部有活门，用于观察和清理。

1. 升运器链条的调整

升运器链条的张紧度调整是通过操作升运器主动轴两端的调节板上的调整螺栓来完成的。首先需要松开五个六角螺母，然后旋转张紧螺母，调整调节板的位置，以保证两条链的张紧度一致。正常情况下，当手动提起链条中部时，链条与底板的距离应为30～60 mm。如果在使用过程中链条拉长，导致无法通过调节螺杆来实现合适的张紧度，那么可能需要拆除部分链节来调整。

2. 排茎辊上轴角度的调整

排茎辊的主要功能是夹持并排出较大的茎秆。排茎辊上轴的位置可以通过在侧壁上的弧形孔内调整5°～10°来优化排茎效果。出厂时，排茎辊轴承座通常定位于弧形孔的中间位置。调整时，需要松开四个螺母，并保持下轴位置固定，然后缓慢旋转轴承座以调整上、下轴的角度。调整完成后，确保紧固所有螺栓，以维持调整后的位置稳定。这样的调整有助于提高排茎的效率和准确性。

3. 风扇转速的调整

风扇位于升运器的上端，其作用是吹走杂质，防止杂质进入机体。风扇的设计为平板式，避免流线型设计带来的问题，如玉米叶被吸入风扇。调整风扇转速需要先拆下升运器右侧护罩，松开链条，然后拆下二次拉茎辊的主动链轮，替换为适合的链轮，重新连接链条并重新装上护罩。风扇的转速可通过更换排茎辊的输入链轮来调整，有三种转速设置：使用 16 齿链轮时，转速设置为 1 211 r/min；使用 15 齿链轮时，转速设置为 1 292 r/min（出厂设置）；使用 14 齿链轮时，转速设置为 1 384 r/min。

（四）剥皮机

剥皮机主要用于去除玉米果穗上的苞叶，并将剥皮后的果穗输送至果穗箱。剥皮机包括星轮和剥皮辊两个部分，配备有五组星轮和五组剥皮辊，每组中含有四根剥皮辊，其中铁辊作为固定辊，橡胶辊则为摆动辊。

1. 星轮和剥皮辊间隙的调整

星轮与剥皮辊之间的上下间隙可根据果穗的粗细进行调整，调整点位于机器前后端的环首螺栓（左右各一个）。调整完毕后，需要重新张紧星轮的传动链条。出厂时，星轮与剥皮辊的标准间隙设置为 3 mm。星轮的最后一排后方还配备有抛送辊，负责将剥皮后的玉米果穗向后抛送。

2. 剥皮辊间隙的调整

剥皮辊之间的间隙可以通过调整外侧的螺栓组（A）来改变，该螺栓组调整会影响弹簧的压缩量 X，进而调整两辊之间的距离。出厂时，弹簧的压缩量 Z 预设为 61 mm。

3. 输入链轮、链条的调整

通过调整张紧轮的位置，可以改变链条的张紧程度，进而影响剥皮辊的转速。调整组合链轮可以实现不同的转速设置。将双排链轮反过来安装后，可以获得两种不同的剥皮机速度，出厂时的转速设定为 420 r/min，反向安装后的转速为 470 r/min。此外，齿轮箱的输入端还装配有安全离合器，确保设备运行安全。

（五）籽粒回收装置

籽粒回收装置由好粒筛和籽粒箱组成，位于剥皮机正下方，用于回收输送剥皮过程中脱落的籽粒，好粒经筛孔落入下部的籽粒箱，玉米苞叶和杂物经筛子前部排出。

籽粒筛角度可通过调整座调整，好粒筛面略向下倾斜，是出厂状态；拆掉调整座，好粒筛向上倾斜，降低籽粒损失。

三、玉米果穗联合收割机的维护与保养

（一）割前准备

在日常使用中，对农业机械进行合适的保养、清洗和检查是至关重要的，以确保机器的高效运行和延长使用寿命。

1. 保养

根据使用说明书的指导，对机器进行日常保养是必须的。这包括确保燃油、冷却水和润滑油充足。如果机器是由拖拉机提供动力的，应按照规定对拖拉机进行保养。

2. 清洗

收割环境中的草屑和灰尘容易导致散热器和空气滤清器堵塞，这不仅影响发动机的散热效果，还可能导致水箱开锅等严重问题。因此，必须定期进行清洗，确保散热器和空气滤清器的清洁，从而保障机器的正常运行和发动机的有效散热。

3. 检查

定期进行全面检查，确保收割机各部件无松动、脱落、裂缝或变形现象。检查各部位的间隙、距离和松紧度是否符合规定。启动柴油机后，需要检查升降系统的运作是否正常，各操纵机构、指示标志、仪表、照明和转向系统是否处于良好工作状态。此外，在车辆行驶时应检查离合器的释放是否顺畅，各运动部件和工作部件是否运作平稳，是否存在异常声响。

4. 田间检查

（1）提前 10~15 d 的田间调查。了解田间玉米的倒伏程度、种植密度、行距、最低结穗高度以及地块的大小和形状，以此制订合理的作业计划。

（2）提前 3~5 d 的准备工作。平整田间的渠沟和大垄沟，并在不明显的障碍物如水井、电杆拉线等处设置警示标志，确保作业过程中的安全。

（3）秸秆粉碎还田机的调整。正确调整作业高度，通常设定根茬高度为 8 cm。如果调得过低，刀具可能接触土壤，导致刀具磨损加速和动力消耗增加，进而影响机具的使用寿命。

（二）使用注意事项

对于农用机械，特别是收割机的使用和维护，以下的试运行前检查、空载试运转、作业试运转和作业时注意事项是至关重要的，以确保机械的性能和安全。

1. 试运转前的检查

（1）确保所有轴承及轴上高速转动部件安装正确无误。

(2）检查V带和链条的张紧度，确保其适当张紧。

(3）清除工作部件上的所有工具和无关物品，检查防护罩是否完好固定。

(4）检查燃油、机油和润滑油是否充足，避免因油料不足导致机械故障。

2. 空载试运转

(1）将变速杆置于空挡，分离发动机离合器。

(2）启动发动机，在低速下接合离合器，逐步提升至额定转速并维持运转。

(3）在运转过程中，检查液压系统的工作状态和油路密封情况，同时评估收割机的制动性能。

(4）每运转20 min后，暂停发动机离合器，检查轴承是否过热、传动皮带和链条状况，确认各连接部位是否紧固。

(5）确保空转时间不少于3 h。其中，行驶空转时间不少于1 h。

3. 作业试运转

(1）在最初的30 h内，建议将收割机速度设置为正常速度的75%～80%。

(2）试运转结束后，彻底检查各部件的装配紧固程度、组装调整的正确性及电气设备的工作状态。

(3）更换所有减速器和闭合齿轮箱中的润滑油，确保机器内部运作顺畅。

4. 作业时的注意事项

(1）长距离运输收割机时，应将割台和切碎机构固定在后悬挂架上，保持中速行驶，严禁在收割机上载人。

(2）启动玉米收割机前，应平稳接合工作部件离合器，逐渐增加油门至稳定的额定转速后开始收获。

(3）定期检查切割粉碎质量和留茬高度，必要时调整割茬高度，确保收割质量。

(4）检查摘穗装置的工作效果，确保籽粒损失量不超过总量的0.5%。如果损失较大，应检查摘穗板间隙并进行相应调整。

(5）适当中断工作，让工作部件空转1～2 min，以排除所有残留物，防止堵塞。

(6）遇到水洼或转弯时，应将割台升高至运输位置，确保安全。

注意： 在有水沟的田间作业时，收割机应沿水沟方向作业，避免横穿水沟可能引起的安全问题。

（三）技术保养与维护

为了确保农用机械的效率和延长使用寿命，特别是对于玉米果穗联合收割机，进行系统的技术保养与维护是非常关键的。

1. 技术保养

（1）清理。定期清理割台、输送器、还田机等部位的草屑、泥土及其他附着物。特别要注意清理拖拉机水箱散热器和除尘罩，以保证发动机的正常运行和散热效率。

（2）清洗。经常清洗空气滤清器，确保空气流通无阻，这对发动机的效率和寿命至关重要。

（3）检查。检查所有焊接部件以确保没有开焊或变形的情况；检查易损件，如锤爪、皮带、链条、齿轮等，是否存在严重磨损或损坏；确认所有紧固件是否牢固，无松动现象。

（4）调整。调整各部件间隙，如摘穗辊间隙和切草刀间隙，确保这些间隙符合操作要求；根据作业要求调整割台等部位的高低位置，以适应不同的作业环境和作物类型。

（5）张紧。定期检查传动链、输送链、三角带、离合器弹簧等部件的松紧度，并进行适当调整，以避免因松弛导致的效率降低或部件损坏。

（6）润滑。严格遵守说明书要求，定时为传动齿轮箱加足齿轮油，为轴承加足润滑脂，并为链条涂刷适量的机油，以保证各部件运行顺畅。

（7）观察。在作业过程中，密切观察机器的运行状态。若出现任何异常情况，应立即停机检查。在确认故障排除后，再继续作业。

通过以上步骤，可以有效延长收割机的使用寿命，减少故障发生，确保作业效率和安全。

2. 机具维护

（1）日常维护。

①每日清理。在每日工作开始前，仔细清理机器各部位的尘土、茎叶及其他附着物，特别是散热相关的部件，以防止过热和潜在的机械故障。

②检查连接。审查所有组件的连接情况，确保没有松动。对于发现的任何松动部件，必须立即进行紧固，以维持机器结构的稳定性和操作的安全性。

③张紧和更换。检查三角带、传动链条、喂入和输送链的张紧程度，如发现松弛应进行适当调整；对于已损坏的部件，应及时更换，避免影响机器的正常工作。

④润滑油检查。定期检查变速箱和封闭式齿轮传动箱的润滑油情况，确认是否有油液泄漏或润滑油不足，及时补充或更换润滑油以保护机械内部。

⑤液压系统检查。检查液压系统的油液状态，确保没有油液泄漏和不足的情况。液压油的充足和清洁对系统的稳定运行至关重要。

⑥清理散热和过滤系统。定期清理发动机水箱、除尘罩以及空气滤清器，这是确保发动机效率和防止过早磨损的关键步骤。

⑦发动机技术保养。根据发动机的使用说明书进行技术保养，按时更换机油和滤清

器，检查点火系统和燃油系统，确保发动机的最佳性能。

（2）收割机的润滑。

①所有摩擦部分应及时、仔细地进行润滑，以提高机器的可靠性并减少摩擦和功率消耗。

②广泛采用密封圈的单列向心球轴承和外球面单列向心球轴承，以减少润滑保养时间。

（3）三角带传动的维护。

①保持皮带的正常张紧度，避免过松或过紧。

②防止皮带粘油和避免机械损伤。

③检查皮带轮轮缘是否有缺口或变形，并及时进行修理或更换。

④当使用多条皮带时，确保它们长度一致以保持均匀传动。

（4）链条传动维护。

①链轮对齐。确保同一传动回路中的链轮在同一回转平面上对齐，这有助于防止链条不平衡和过度磨损，从而延长其使用寿命。

②链条张紧。维持链条适当的张紧度。过紧可能导致链条和链轮的过度磨损，而过松则可能引起链条跳动或脱落。

③调节方法。使用改锥或合适的工具插入链条滚子之间并向链条运动方向扳动，以检查张紧度。适当的张紧度应允许链条可转动20°～30°。

（5）液压系统维护。

①检查油位。在检查液压油箱的油位时，确保收割台处于最低位置以获得准确的油位读数。如果发现液压油不足，应及时进行补充。

②更换液压油。对于新机器，首30 h工作后更换液压油，以清除初期运行可能产生的杂质。之后建议每年更换一次液压油，以保持系统效率。

③加油操作。加油前，先清洁加油口周围区域以防尘土和杂质进入。拆下并清洗液压油滤清器，然后将新油慢慢通过已清洁的滤清器倒入，以确保液压油的纯净无杂质。

（6）入库保养。

①清洁。彻底清除机器上的泥土、杂草和污物。打开所有观察孔、盖板、护罩，清理内部的草屑、秸秆、籽粒、尘土和污物。

②存放条件。机器应存放在平坦干燥、通风良好且无直射阳光的库房内。割台下垫木板，前后轮垫木并使轮胎悬空，确保支架稳固。

③传动带和链条保养。放松张紧轮，松弛传动带，检查其完整性。干净的传动带涂上滑石粉，标签标记后妥善存放。所有传动链卸下，用柴油清洗后涂上防锈油重新装回。

④润滑和防锈处理。更换并加注各部轴承和油箱的润滑油。对外露磨损件除锈后涂上防锈油漆。蓄电池拆下并单独存放。

⑤定期维护动作。每月转动发动机曲轴一次,操作操纵阀和操纵杆几次,确保不锈蚀。

四、玉米果穗联合收割机的常见故障及排除方法

(一)玉米果穗联合收割机出现漏摘果穗

玉米果穗联合收割机出现漏摘果穗现象可能会导致多方面的问题:①造成农作物损失,降低收割效率,从而影响收益;②漏摘的果穗可能在田间残留,成为杂草的温床,给后续的农事工作带来麻烦;③漏摘的果穗会影响后续加工环节,如果在玉米加工厂中发现太多的残留果穗,可能会影响生产线的正常运行。

解决漏摘果穗问题的方法有很多:①及时检查和维护收割机。检查机器是否存在损坏或磨损的部件,及时更换或修理。②调整收割机的工作参数,如刀具的转速、切割深度等,以确保能够将果穗完整地收割下来。③采用一些辅助装置(如果穗收集器)来收集残留的果穗,减少损失。

(二)玉米果穗收割机出现果穗掉地

原因:①分禾器调整太高;②机器行走速度太快或太慢;③行距不对或牵引(行走)不对行;④玉米割台的挡穗板调节不当或损坏;⑤植株倒伏严重,扶倒器拉扯扶起时,茎秆被拉断,果穗掉地;⑥收割滞后,玉米秸秆枯干;⑦输送器高度调整不当。

排除方法:①合理调整分禾器高度;②合理控制机组作业速度;③正确调整牵引梁的位置;④合理调整挡穗板的高度;⑤正确操纵收割机行驶路线;⑥尽量做到适期收割;⑦正确调整输送器高度。

(三)玉米果穗收割机出现摘穗辊脱粒咬穗

原因:①摘穗辊和摘穗板间隙太大;②玉米果穗倒挂较多,摘穗辊、板间隙太大;③玉米果穗湿度大;④玉米果穗大小不一或成熟度不同;⑤拉茎辊和摘穗辊的速度过高。

排除方法:①调小摘穗辊和摘穗板间隙;②调整摘穗辊、板间隙;③适当掌握收割期;④选择良种和合理施肥;⑤降低拉茎辊和摘穗辊的工作速度。

第九章　精准农业

第一节　精准农业概述

精准农业，也被称为精确农业或精细农作，其核心理念是基于每个操作单元（如田块）的具体条件，采集并利用农田小区的环境因素信息（环境因素包括土壤结构、地形、植物营养、含水量及病虫草害等），通过分析这些信息来识别并解释产量差异的原因。

精准农业通过精确地调整土壤和作物管理措施，旨在最大化农业投入（如化肥、农药、水资源、种子等）的效率，从而实现产量最大化和经济效益最优化。同时，精准农业还着力于减少化学物质的使用，保护农业生态环境和土地等自然资源，使农业发展更加可持续。

精准农业通过使用全球卫星导航系统（global navigation satellite system，GNSS）、地理信息系统（geograplic information sgstem，GIS）、连续数据采集传感器（continuons data sampling，CDS）、遥感（remote sensing，RS）、变率处理技术（variable rate technology，VRT）和决策支持系统（decision-making support system，DSS）、环境监测系统、网络化管理系统及自动控制系统等新一代信息技术打造一整套现代化农事操作技术与管理系统，将农业代入数字和信息时代，逐步向农业生产机械智能化方向发展。

我国精准农业的应用正逐渐扩展，并包括了多种先进技术，主要如下。

（1）自动驾驶。利用全球定位系统（global positioning syseem，GPS）和传感器技术，使农机实现自动驾驶，提高作业的精确度和效率。

（2）播种控制。通过精确控制播种机的种子分配，优化种植密度和模式。

（3）无人机喷药。使用无人机进行精准喷药，提高农药使用的效率和减少浪费。

（4）流量控制。精确控制水资源和营养素的供给，根据作物需求调整供给量。

（5）产量测定。通过高科技手段实时监控作物的生长状态和预测产量。

(6) 智能农机具管理。利用物联网技术远程监控和管理农机具，优化使用效率和维护周期。

以上技术的应用不仅提高了农业生产的效率，还有助于资源的可持续利用，减少了对环境的负担，为现代农业带来了改变。

第二节 精准农业的研发与发展趋势

一、精准农业的研发

当前，精准农业主要从以下几个方面进行技术研发并应用。

（1）拖拉机自动驾驶系统。拖拉机自动驾驶系统能够提高农机作业的精准度，减少作业误差，提高农业生产的标准化程度，促进土地的高效利用。

（2）精准平地技术。精准平地技术可以精确地平整土地，使之具有精耕细作的基本条件，同时建立土地信息模块，为后续的精准播种、施肥打下良好基础。

（3）精准播种技术。精准播种技术可以使播种机达到精确播种、均匀播种、播深度一致，既能节约大量优质种子，又能使作物在田间获得最佳分布，从而为农作物的生长发育创造最佳环境。

（4）变量施肥技术。变量施肥技术能够依据不同区域、土壤类型以及土壤中各种营养成分的不同情况来施肥，并结合作物类型及其预期产量来进行。在普通施肥的基础上，对氮磷钾（NPK）、微量元素和有机肥料进行科学的调配，使施肥更加有针对性。变量施肥技术不仅有助于减少对环境的污染，提高农产品的品质，还能有效降低农业生产成本。

二、精准农业的发展趋势

随着精准农业的发展，其应用领域不断扩展，主要体现在以下几个方面。

（1）农业信息采集技术的研究和应用。目前，土壤养分数据的获取主要通过在田间设置网格进行采样和化验分析，成本较高。因此，研发低成本的土壤养分快速或实时采集技术尤为重要。同时，也在探索作物中杂草信息的实时快速采集技术，以及作物生长发育营养信息的快速实时诊断技术，旨在减少农药使用总量和农药残留污染。

（2）智能化农业机械设备的研发。例如，收获机配备了差分全球定位系统（differential global position system，DGPS）和产量监测系统等智能电子设备；播种机装配了变量施肥播种设备；拖拉机和喷药机则分别安装了DGPS自动导航驾驶设备和变量喷药设备。

（3）作物生长过程的模拟和智能监控。通过计算机模拟各种管理决策模型，确定最佳效益模型，并应用变量投入以实现目标。例如，排水和精准灌溉技术的研究也在进行中，如土壤湿度传感器、变量喷灌和滴灌技术等。

（4）精准农业硬件接口和软件信息格式的标准化、通用化技术。这有助于解决当前农业信息数据格式不兼容、各种精准农业软件之间信息不通用的问题，实现硬件设备和软件及信息管理的标准化，促进农业信息共享。

（5）国际合作推动精准农业的发展。例如，美国农业部与美国太空署签署协议，美国太空署提供更多高性能遥感卫星支持美国的农业发展。高性能遥感卫星未来将用于探测害虫迁移，提供更高分辨率的遥感图像和更多通道的光谱信息，极大推动精准农业的发展。

参 考 文 献

[1] 韩聪.农作物种植中农业机械的应用及作用研究[J].农机市场,2024,(10):76-78.

[2] 郝小虎.农业机械自动化在现代农业中的作用与挑战[J].南方农机,2024,55(18):86-88.

[3] 邓小明,胡小鹿,柏雨岑.国家农业机械产业创新发展报告[M].北京:机械工业出版社,2021

[4] 石勇,鞠恩民,张燕,等.玉米收获机械技术发展趋势研究[M].北京:电子工业出版社,2020.

[5] 杨小玲.农业植保技术和病虫害防治要点分析[J].新农民,2024,(27):82-84.

[6] 都在玉.自动控制技术对农业机械的促进作用[J].农机使用与维修,2023,(10):76-78.

[7] 李志强.履带式玉米植保机械自动导航与驱动控制方法研究[D].合肥:安徽农业大学,2023.

[8] 张巍朋.联合收割机故障诊断与维修服务决策关键技术研究[D].北京:中国农业机械化科学研究院,2023.

[9] 王毅平,王应宽.精准农业为什么很重要[J].农业工程技术,2024,44(20):12.

[10] 张景东.农业种植中的精准农业技术与实施方法[J].黑龙江粮食,2023,(12):35-37.

[11] 董欢.农业经营主体分化视角下农机作业服务的发展研究[D].北京:中国农业大学,2016.

[12] 冯丽梅.农机具融资租赁模式研究[D].兰州:兰州大学,2016.

[13] 付昌星.怀化市农业机械需求分析研究及策略[D].长沙:湖南农业大学,2017.

[14] 胡志强.新疆农机购置补贴政策实施研究[D].石河子:石河子大学,2018.

[15] 姜亦田.黑龙江垦区农业机械化发展研究[D].长春:吉林大学,2016.

[16] 廉顺超.基于小型农田的移动喷灌设备设计研究[D].北京:北京理工大学,2016.

[17] 孙婉迪.中国农业机械技术创新问题研究[D].长春:吉林农业大学,2017.

[18] 谭国庆.西藏林芝地区农业机械化问题分析与对策研究[D].晋中:山西农业大学,2018.

[19] 王得伟.铲链式花生起收机翻转放铺装置的试验研究[D].沈阳:沈阳农业大学,2016.